W0211777

Stephen Dalton

SPINNEN

Die erfolgreichen Jäger

Haupt

Stephen Dalton

SPiNNEN

Die erfolgreichen Jäger

Übersetzt von Jorunn Wissmann

Haupt Verlag
Bern · Stuttgart · Wien

Stephen Dalton ist ein bekannter Naturfotograf und Buchautor. Vor allem durch seine Tieraufnahmen mit der Hochgeschwindigkeitskamera hat er sich sowohl bei Fachleuten wie bei einem breiten Publikum einen Namen gemacht.

Die englische Originalausgabe erschien 2008 unter dem Titel
Spiders. The Ultimate Predators bei Firefly Books Ltd.

Veröffentlicht nach Vereinbarung mit Firefly Books Ltd. Richmond Hill, Ontario, Canada
Englischer Originaltext und Fotos: Copyright © 2008 Stephen Dalton
Fotos auf den Seiten 59 und 74: © 2008 James Carmichael (NHPA)
Zeichnungen: © 2008 Art and Development Rendering – Imagineering Media Services Inc.
Alle Rechte vorbehalten.
Gestaltung: Kathe Gray Design

Aus dem Englischen übersetzt von Jorunn Wissmann
Fachlektorat: Angelo Bolzern
Satz der deutschen Ausgabe: Die Werkstatt, D-Göttingen
Umschlag der deutschen Ausgabe: pooldesign.ch

Bibliografische Information der Deutschen Nationalbibliothek:
Die Deutsche Nationalbibliothek verzeichnet diese Publikation in der Deutschen Nationalbibliografie; detaillierte bibliografische Daten sind im Internet über http://dnb.d-nb.de abrufbar.

ISBN 978-3-258-07445-0

Alle Rechte vorbehalten.
Copyright © 2009 für die deutsche Ausgabe by Haupt Berne
Jede Art der Vervielfältigung ohne Genehmigung des Verlages ist unzulässig.
Printed in Germany

FSC
Mix
Produktgruppe aus vorbildlich bewirtschafteten Wäldern und anderen kontrollierten Herkünften
Product group from well-managed forests and other controlled sources
Zert.-Nr. SGS-COC-004238
www.fsc.org
© 1996 Forest Stewardship Council

Umschlag vorne:
Radnetz (Seite 94)
Große Winkelspinne (Seiten 162/163)
Wanderspinne (Seite 60)
Sumpfkreuzspinne (Seite 105)
Kürbisspinne (Seite 14)

Umschlag hinten:
Speispinne (Seite 182)
Krabbenspinnen (Seite 78)
Heliophanus cupreus (Seite 69)

www.haupt.ch

Inhalt

Einführung

Eine Spinne zu töten, bringt Unglück.

Volksmund

If you wish to live and thrive
Let the spider run alive

Englisches Sprichwort

Ganz gleich, wo wir gerade sind – in nächster Nähe befindet sich höchstwahrscheinlich mindestens eine Spinne. Sie webt vielleicht just in diesem Augenblick ihr Netz, fliegt an einem dünnen Spinnfaden vorbei, wirbt tanzend um eine Partnerin, saugt das verflüssigte Innere einer gelähmten Fliege aus oder sitzt einfach nur unter unserem Stuhl. In jedem Fall genießen wir das Privileg, unseren Planeten mit rund 40 000 bekannten Arten dieser bemerkenswerten Tiere zu teilen.

Spinnen sind die erfolgreichsten an Land lebenden Räuber der Erde und in praktisch jeder Nische des Ökosystems zu finden, vom Berggipfel bis zur Küste, vom Teich bis zur Wüste. Man kann ihnen sogar in mehreren Tausend Metern Höhe begegnen, wenn sie, an dünnen Spinnfäden «Ballon fahrend», große Strecken in der Luft überwinden. Es gibt Spinnen seit etwa 400 Millionen Jahren; sie spielten eine entscheidende Rolle bei der Evolution der Insekten, der artenreichsten Tierklasse der Welt. Spinnen verspeisen mehr Beute als alle anderen Fleischfresser. Der inzwischen verstorbene britische Arachnologe (Spinnenkundler) William Syer Bristowe wies nach, dass eine naturbelassene Wiese zu bestimmten Zeiten mehr als zwei Millionen Spinnen auf einem halben Hektar Fläche beherbergen kann und dass das Gewicht der jährlich von Spinnen verzehrten Insektenmenge das Gesamtgewicht der englischen Bevölkerung spielend übertrifft.

Ihren Erfolg verdanken Spinnen zum größten Teil den ausgefeilten und erstaunlichen Taktiken, die sie entwickelt haben, um Insekten und andere kleine Beutetiere zu fangen. Ihre Technik ist das Ergebnis eines 300 Millionen Jahre währenden «Wett-

◄ Spinnweben an einem Herbstmorgen.

Eine Hauswinkelspinne *(Tegenaria domestica)* putzt sich mit ihren Cheliceren (Kiefern) einen Fuß.

rüstens» mit den Insekten. Dem Insektenfang dienen nicht nur verschiedenste geniale Fallen in Form von Netzen, sondern auch eine ganze Reihe geradezu hinterhältiger Methoden, darunter Lassowerfen, Springen, Stehlen, Jagen, Auflauern, Speien, Fischen, Imitieren anderer Tiere und sogar das Anlocken von Beute durch Nachahmen von deren Pheromonen. Es waren zum größten Teil diese erstaunlichen und vielfältigen Jagdtechniken, die mich zu diesem Buch anregten.

Leider neigen viele Naturfreunde und Naturschutzorganisationen dazu, sich eher mit auf den ersten Blick «attraktiveren» Wirbellosen wie Schmetterlingen oder Libellen zu beschäftigen; das zeigen die zahlreichen Bücher zu diesen Themen. Die meisten Spinnen sind weder auffällig gemustert noch bunt; als zarte und verwundbare Kreaturen, die zudem von vielen Feinden umgeben sind, setzen sie auf Tarnung und verschmelzen eher mit den gedämpften Farbtönen ihrer Umgebung. Wie die Fotografien im vorliegenden Buch zeigen, besteht ihre Färbung meist aus hübschen Mustern in Braun-, Grün- und Grautönen.

Ein weiterer Grund für ihre Nichtbeachtung dürfte sein, dass Spinnen oft schwer zu identifizieren sind. Mehr als die Hälfte der Arten wird nicht größer als 1 bis 5 Millimeter, und bei vielen lassen sich Unterscheidungsmerkmale nur unter dem Mikroskop ausmachen. Im vorliegenden Buch befassen wir uns allerdings vorwiegend mit den größeren und charakteristischeren Arten. Die große Artenzahl trägt nicht gerade dazu bei, die Identifizierung zu erleichtern – so gibt es in Mitteleuropa über 1200 bekannte Arten, in Nordamerika sind es gar 3700. Die Zahl der Schmetterlingsarten liegt dagegen weit darunter.

Spinnen haben außerdem ein «Imageproblem»: Die Tiere haben grässlich viele Beine, ihr Biss ist giftig, sie lauern in dunklen Winkeln, krabbeln hastig über den Fußboden und hinterlassen überall unordentliche Spinnweben. Dieses Buch will mit ihrem schlechten Ruf aufräumen.

Plexippus paykulli, eine tagaktive Springspinne der wärmeren Regionen.

So sind viele Arten ausgesprochene Sonnentiere und keineswegs gruselig. Springspinnen, die bei weitem artenreichste Gruppe, geben ein entzückendes, ja geradezu niedliches Bild ab, wenn sie über Felsen und Baumstämme laufen und mit ihren großen Augen jede unserer Bewegungen verfolgen.

Besonders furchterregend ist für viele Menschen gerade das, was für uns (außer bei einigen berüchtigten tropischen Arten) keinerlei Bedrohung darstellt: der Biss der Spinnen. Selbst die paar einheimischen Arten, die uns zwicken können, tun das nur zur Selbstverteidigung, etwa wenn man sie sehr provoziert oder versehentlich zu zerdrücken droht. Tatsächlich sind die meisten Spinnen eher schreckhaft und scheu, denn im Gegensatz zu den Insekten mit ihrem harten Exoskelett ist der Hinterkörper der Spinnen weich und verwundbar. Sie tun alles, um Schaden zu vermeiden, und ziehen sich bei der geringsten Störung oder Anzeichen von Gefahr in ihr Versteck zurück. Viele wagen sich nur nachts heraus und verbringen den Tag in Spalten oder aufgerollten Blättern verborgen.

Wie viele andere Tiere (und auch der Mensch) sind Spinnen räuberische Fleischfresser, doch gehen sie – wenn auch nicht bewusst – dabei «humaner» vor als die meisten anderen. Ohne sie vermenschlichen zu wollen, sei doch gesagt, dass viele Raubtiere, die wir bewundern – wie Uhu, Adler und Tiger – ihre relativ intelligenten Beutetiere noch lebend in Stücke reißen, während Spinnen ihre Beute zunächst betäuben oder, noch häufiger, mit einer letalen Injektion töten. Zudem ist das Nervensystem der wirbellosen Spinnenopfer tausendmal weniger ausgefeilt als das jedes Wirbeltiers, sodass davon auszugehen ist, dass ihre Leidensfähigkeit weit weniger ausgeprägt ist als das der Opfer größerer Fleischfresser.

Es gibt verschiedene Möglichkeiten, ein Buch wie dieses zu strukturieren, beispielsweise nach Familien oder Lebensräumen geordnet. Die meisten Spinnenbücher basieren auf der Klassifikation, ein guter Ansatz, um die Tiere zu bestimmen und sich ernsthafter mit dem Thema zu beschäftigen. Ich habe allerdings einen etwas anderen Weg eingeschlagen und teile die Spinnen angesichts ihrer vielfältigen und genialen Jagdmethoden wie folgt ein: in jene, die ihre Beute jagend verfolgen, solche, die versteckt auf Beute lauern, Arten, die ihre Opfer anspringen, und natürlich die größte Gruppe der Spinnen, nämlich jene, die Netze weben, um Insekten zu fangen. Letztere sind wiederum nach ihren unterschiedlichen Netzen unterteilt – Radnetzen, Sektorennetzen, Deckennetzen und Trichterfallen. Und schließlich sind da noch jene Spinnen, die sich keiner dieser Kategorien eindeutig zuordnen lassen – die Nonkonformisten, die sich noch ungewöhnlicherer Techniken wie Speien, Fischen und Bestehlen anderer Spinnen bedienen.

Schnell wird klar, dass die Übergänge zwischen den Kategorien verschwommen sind, denn einige Arten der einen Gruppe haben oft auch Eigenschaften einer anderen. Viele Spinnen, die ihre Beute jagend erlegen können, warten beispielsweise ab, bis sich ihnen ein Opfer nähert, bevor sie es blitzschnell attackieren; man könnte sie also auch zu den lauernden Arten zählen. Manche der Spinnen, die Netze bauen, fangen die Insekten nicht darin, sondern schießen aus einem Loch oder einer Röhre hervor, sobald ein Insekt einen der Netzfäden berührt. Und zu guter Letzt bietet die «fischende» Gerandete Jagdspinne *(Dolomedes fimbriatus)* ein schönes Beispiel dafür, dass sich fischende Arten auch den Jägern zuordnen lassen und nicht unbedingt zu den Nonkonformisten gehören. Dennoch vermittelt die hier gewählte grobe Einteilung einen Eindruck von der Vielfalt an Jagdtechniken, die diese erstaunlichen Tiere an den Tag legen.

Auf das Balz- und Paarungsverhalten bin ich nur dann eingegangen, wenn es besonders außergewöhnlich ist – andere Werke gehen darauf detailliert ein, so etwa W. S. Bristowes Klassiker «The World of Spiders». Nicht für alle Arten gibt es auch einen deutschen Namen, daher steht der international gültige wissenschaftliche Name im speziellen Teil stets an erster Stelle.

Der Vollständigkeit halber sei hier noch darauf hingewiesen, worauf das vorliegende Buch *nicht* eingeht. So finden die zahlreichen winzigen Spinnen, die man nur bei starker Vergrößerung sehen oder gar identifizieren kann, kaum Erwähnung. Diese Spinnen gehören fast sämtlich zu einer einzigen großen Familie, den Linyphiidae (Baldachinspinnen); nur zwei der größeren Arten werden hier vorgestellt. Viele tropische Familien sowie solche aus Australasien und Afrika bleiben ebenfalls unberücksichtigt. Vorgestellt werden in erster Linie die wichtigeren Familien Nordeuropas und Nordamerikas sowie einige repräsentative «Sonderfälle», die auf dem einem Kontinent leben, nicht aber auf dem anderen. So findet man die Rotbeinige Röhrenspinne *(Eresus cinnaberinus)* und die Wasserspinne *Argyroneta aquatica* ausschließlich in Europa; Schwarzen Witwen (Gattung *Latrodectus*) und Seidenspinnen (Gattung *Nephila*) dagegen kann man in Europa nicht begegnen – vielleicht wird sich dies aufgrund der globalen Erwärmung eines Tages ändern?

Es mag überraschen, dass viele der beschriebenen Arten sowohl bei uns als auch in Nordamerika vorkommen: Über dreißig Prozent der hier vorgestellten Arten sind hier wie dort zu finden, viele andere sind einander sehr ähnlich. Zahlreiche Arten haben mit importierten Pflanzen, Möbeln und anderen Waren aus Europa den Weg nach Nordamerika gefunden, und einige wie die Haus- oder Winkelspinnen (Gattung *Tegenaria*) und die Zitterspinnen (Gattung *Pholcus*) sind weltweit anzutreffen. Einander sehr ähnliche Arten haben sich größtenteils über Jahrmillionen aus denselben Vorfahren als Teil der Fauna der gemäßigten eurasischen Breiten entwickelt.

➤ Eine Gartenkreuzspinne *(Araneus diadematus)* in ihrem gerade gebauten Radnetz. Die für Europa typische Art ist auch in Nordamerika anzutreffen.

Eine Veränderliche Krabbenspinne *(Misumena vatia)* mit den für die Familie typischen, im Halbrund angeordneten Augen.

Ich werde oft gefragt, «warum gibt es überhaupt Spinnen», und bin dann versucht zu antworten: «Warum gibt es Menschen? Warum gibt es irgendetwas?» Muss es unbedingt einen Grund dafür geben, dass eine bestimmte Art oder Tiergruppe existiert? Das Leben hat sich über Millionen von Jahren durch das allgegenwärtige Wirken der natürlichen Selektion entwickelt. Fest steht, dass alle Pflanzen und Tiere in ihrer Existenz aufeinander angewiesen sind; die kleinen und «niederen» Lebewesen, von denen größere Tiere abhängig sind, spielen im ganzen Gefüge sogar eine wichtigere Rolle als Löwen oder Pandas. Im Laufe der Jahrmillionen stellte die Evolution sicher, dass Lebewesen mit ihrer Umwelt und miteinander im Einklang lebten – jedenfalls so lange, bis der Mensch sich auf der Erde übermäßig zu vermehren begann und das Gleichgewicht störte. Heute, nach evolutionären Maßstäben nur einen Augenblick später, steht die Natur, wie wir sie kennen, kurz vor ihrem Ende.

Welche besondere Rolle nehmen nun die Spinnen ein? Man schätzt, dass sie weltweit zu über neunzig Prozent für die Mortalitätsrate unter

Insekten verantwortlich sind; natürlich unterscheiden sie dabei nicht zwischen «Schädlingen» und «Nützlingen». Wie Feldversuche ergaben, können Spinnen auf landwirtschaftlich genutzten Flächen Massen von Schadinsekten in Schach halten, allerdings sind Spinnen bisher so wenig erforscht, dass ihre Funktion in der Natur noch nicht exakt belegt ist. Spinnen dienen zudem etlichen Tieren als Nahrung, darunter Vögeln, Säugern und Fischen, und ihre Spinnweben werden von vielen Vögeln zum Nestbau verwendet. Allein aufgrund ihrer gewaltigen Individuenzahl spielen Spinnen fraglos eine große Rolle für den Erhalt des natürlichen Gleichgewichts.

Im Vergleich zu verschiedenen anderen terrestrischen Tiergruppen lassen sich Spinnen relativ leicht wissenschaftlich untersuchen, da es zu ihrer Identifizierung nur weniger zeitraubender Sektionen bedarf. Diese Tatsache sowie das breite Spektrum an Körpergrößen – von 0,4 bis 120 Millimetern – und ihre ebenso große biologische Vielfältigkeit führten dazu, dass viele Ökologen in ihnen die idealen Indikatoren zur Bewertung von Lebensräumen und Artenvielfalt sehen: Spinnen liefern leichter zugängliche Informationen über bestimmte Lebensräume als höhere Pflanzen oder Wirbeltiere.

Viele von uns interessieren sich leider nur für Aspekte wie Wirtschaftlichkeit und Nutzen für den Menschen, darum sei hier neben ihrer Bedeutung als Insektenvertilger auch auf die Fähigkeit der Spinnen hingewiesen, Seide und Gift zu produzieren. Forscher tüfteln noch an Möglichkeiten, die Belastbarkeit und Elastizität von Spinnenseide für die Massenproduktion nutzbar zu machen, und Spinnengifte werden auf einen möglichen Einsatz bei der Behandlung von Schmerzen, Epilepsie, Schlaganfall und Alzheimer-Krankheit hin geprüft.

Nicht zuletzt sollten wir vielleicht auch den spirituellen und ästhetischen Wert dieser Tiere berücksichtigen. Kaum jemand – nicht einmal ein Arachnophobiker – kann wohl umhin, ein voller Tautropfen hängendes Spinnennetz in der herbstlichen Morgensonne oder die feine Zeichnung und Färbung einer Spinne zu bewundern. Wer sich vom Leben der Spinnen und aller noch so kleinen und scheinbar unbedeutenden Kreaturen anrühren und faszinieren lässt, kann das Leben – auch das eigene – erst richtig wertschätzen und erkennen, dass alles in der Natur eng miteinander verbunden ist. Wenn man Spinnen beobachtet, dann beobachtet man Natur. Hätte jeder auf der Welt eine solch ganzheitliche Sichtweise, dann wäre das Überleben des Lebens und der Schönheit der Natur nicht in Gefahr, dessen bin ich sicher.

Der lebenskluge amerikanische Ökologe Edward O. Wilson ist der Ansicht, dass wir eine genetisch bedingte Liebe zur unberührten Natur und zum Leben (er nennt sie «Biophilie») empfinden; allerdings wird diese bei vielen von uns durch den Materialismus und die Anthropozentrik des modernen Lebens unterdrückt. Für Wilson hat der Mensch nicht deshalb eine Sonderstellung, weil er weit über den anderen Lebewesen steht, sondern weil unser umfangreiches Wissen über sie uns überhaupt erst begreifen lässt, was Leben bedeutet.

An dieser Stelle möchte ich einen geradezu prophetischen Artikel zitieren, der vor über hundert Jahren in den «Illustrated London News» erschien: «Der Mensch verschlingt ungeduldig alles, was die Erde zu bieten hat, von Teakbäumen und Kolibris bis hin zu Schlangen und Spinnen. In hundert oder zweihundert Jahren wird er verwirrt vor einer Welt stehen, in der es nur noch gibt, was er selbst geschaffen hat.» *Verwirrt* ist meines Erachtens stark untertrieben. Wir teilen die Erde mit Tigern, Walen, Kolibris und auch Spinnen. Ohne all diese Arten wäre unser Planet um vieles ärmer.

1

Was ist eine Spinne?

Bevor wir uns den einzelnen Spinnen zuwenden, sind einige grundlegende Informationen über diese Tiere nützlich – die Unterschiede zu anderen Wirbellosen, ihre Klassifikation, der Bau ihrer Netze und ihr Paarungsverhalten.

Körperbau

Das auffälligste Merkmal einer Spinne sind ihre acht Beine. Insekten besitzen nur sechs Beine. Im Gegensatz zu den Insekten, deren Körper bei adulten Tieren dreigeteilt ist, ist der Spinnenkörper in nur zwei Teile gegliedert. Und Spinnen durchlaufen, wiederum anders als die allermeisten Insekten, weder Larven- noch Puppenstadien – Jungtiere unterscheiden sich schon nach dem Schlupf nur in Farbe, Musterung und im Bau der Geschlechtsorgane von ausgewachsenen Individuen. Die Eier werden geschützt in seidenen Kokons verschiedener Größen und Formen verstaut. Die heranwachsenden Jungspinnen häuten sich; so passt sich ihr Exoskelett der zunehmenden Größe an. Die Zahl der Häutungen richtet sich meist nach der Größe der Spinne; kleinere Arten machen zwei bis drei Häutungen durch, größere bis zu ein Dutzend. Verlorene oder verletzte Gliedmaßen werden oft unter dem Panzer «vorgefertigt» und sind dann nach der nächsten Häutung wieder sichtbar.

Anders als bei ihren Verwandten, den Milben, Weberknechten und Skorpionen, sind Kopf-Brust-Stück (Cephalothorax) und Hinterleib (Abdomen) bei den Spinnen nicht verschmolzen, sondern über einen sehr schmalen, normalerweise nicht sichtbaren Stiel (Pedicellus) miteinander verbunden. Einzigartig sind auch die am Hinterleibsende gelegenen, für die Seidenproduktion unerlässlichen Spinnwarzen, die Ausgänge der Spinndrüsen.

◂ Kürbisspinne *(Araniella cucurbitina)*.

Mitostoma chrysomelas, ein Weberknecht.

Ein Skorpion in der Kalahari.

Cephalothorax

Im vorderen Teil des Spinnenkörpers, dem sogenannten Cephalothorax oder Prosoma, sind Kopf und Brust miteinander verschmolzen und von einem harten Chitinpanzer geschützt, dem Carapax (Kopfbrustschild). Am Vorderende sitzen die Augen – die meisten Spinnen besitzen acht Augen, drei Familien (Oonopidae, Dysderidae und Scytodidae) nur sechs. Die Form des «Gesichts», Form, Zahl und Anordnung der Augen sowie die Form der Kiefer sind wichtige Merkmale, anhand deren man die verschiedenen Familien unterscheidet. Selbst die Augenfarbe kann von perlmuttern schimmernd bis dunkel variieren, was allerdings wegen der Behaarung oft schwer zu erkennen ist.

Die Augen der Spinnen

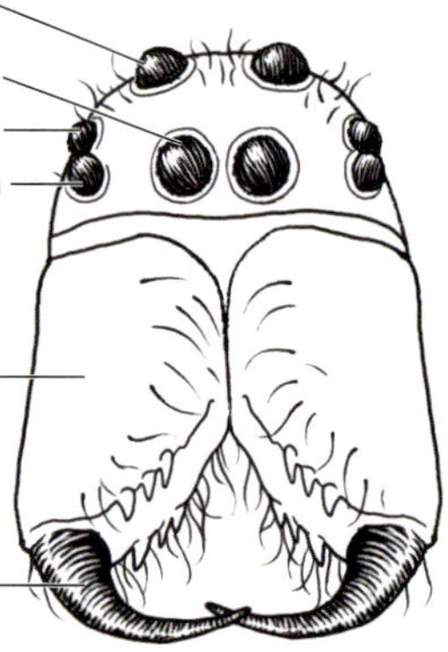

Abdomen

Das Abdomen (Hinterleib) variiert in Form, Zeichnung und Größe beträchtlich; selbst innerhalb einer Art kann seine Größe je nach Ernährungszustand und Reifegrad womöglich enthaltener Eier stark schwanken. Die Oberseite trägt oft eine zentrale Zeichnung, den Herzfleck, und vier bräunliche Vertiefungen. Diese kennzeichnen die Stellen, an denen von innen Muskeln ansetzen. Vorn an der Unterseite befinden sich zwei, bei manchen Gruppen auch vier helle Flecken, die die Position der Fächer- oder Buchlungen markieren – luftdurchströmter Hohlräume, in die blutgefüllte Blätter hineinragen.

Am Ende des Abdomens sitzen die Spinnwarzen. Primitive Spinnen besitzen deren acht, die meisten heute lebenden Arten haben jedoch offenbar das vorderste Paar komplett eingebüßt. Bei einigen hat sich aus den vorderen beiden Spinnwarzen ein flächiges Spinnfeld (Cribellum) entwickelt, das dicke Stränge bläulich schimmernden Kräuselfadens hervorbringt, in dem sich Beutetiere verfangen. Eben unterhalb der Fächerlungen erkennt man bei den meisten adulten Weibchen die Genitalöffnung mit ihrem kom-

➤ *Scotophaeus blackwalli*, eine Plattbauchspinne, von unten. Unter den hellen Flecken befinden sich die Fächerlungen.

Theridion pallens, eine Kugelspinne, bewacht ihren Eikokon.

plex geformten «Deckel», der Epigyne. In diese Öffnung passt der Taster des Männchens wie ein Schlüssel ins Schloss.

Kiefer

Die Cheliceren (Oberkiefer) sind die wichtigsten Waffen der Spinne und dienen dem Überwältigen der Beute. Sie bestehen aus einem breiten Grundglied und einem beweglichen, klauenförmigen Endglied. An der Spitze dieser Klaue befindet sich eine kleine Öffnung, durch die Gift aus den im Cephalothorax gelegenen Giftdrüsen in die Beute gepumpt werden kann. Wird die Chelicerenklaue nicht benutzt, ruht sie eingeklappt in einer Rinne im Grundglied, an deren vorderem und hinterem Rand oft kleine Zähnchen sitzen.

Bau der Mundwerkzeuge

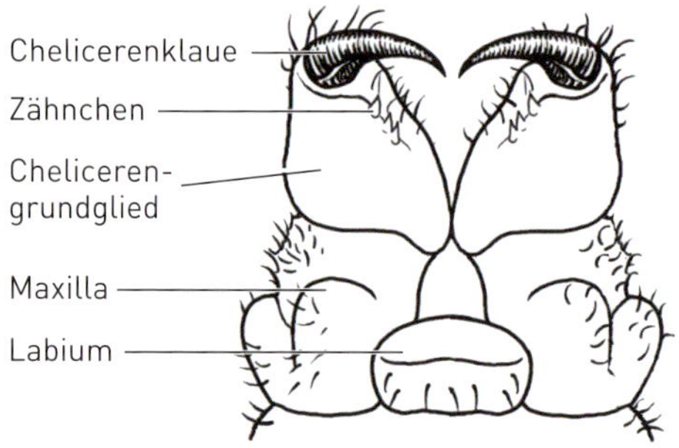

Körperbau einer weiblichen Spinne

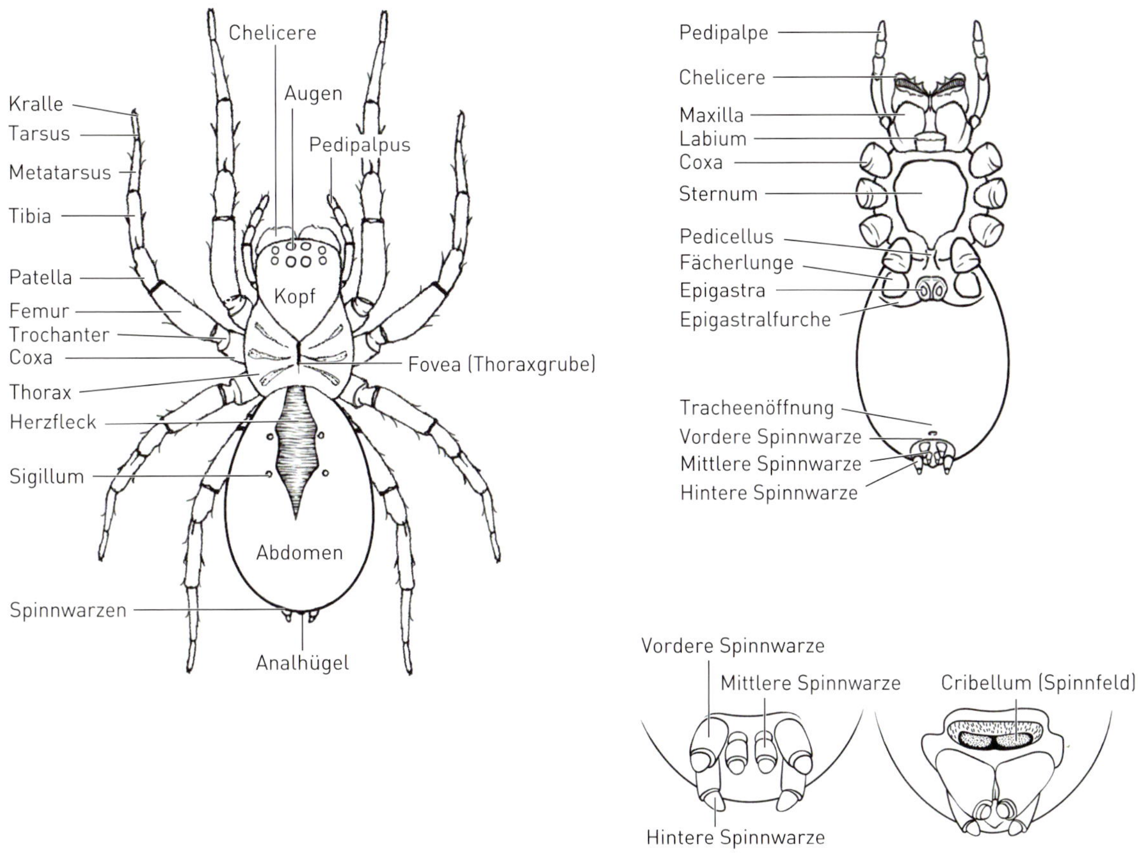

Die relative Größe der Cheliceren variiert von Art zu Art stark und ist somit ein wertvolles Merkmal für die Identifizierung. Hinter den Cheliceren befindet sich die Mundöffnung, durch die die Spinne das verflüssigte Innere ihrer Beute aufsaugt.

Pedipalpen

Spinnen besitzen an der Vorderseite des Prosomas Tastorgane, die Pedipalpen, die eigentlich ein modifiziertes fünftes Beinpaar darstellen. Diese wichtigen Sinnesorgane dienen dem Manipulieren der Beute; beim Männchen spielen sie auch für die Fortpflanzung eine sehr wichtige Rolle. Spinnenmännchen zeigen ein in der Tierwelt einzigartiges Verhalten: Sie nehmen mit den Pedipalpen die eigenen Samenzellen auf, um diese dann in die weibliche Geschlechtsöffnung einzuführen. Die männlichen Pedipalpen passen dabei in den Deckel dieser Öffnung an der Unterseite der Weibchen wie ein Schlüssel ins Schloss. Der komplexe Bau und die Formenvielfalt dieser Organe lassen sich nur unter dem Mikroskop ermessen. Da «Schlüssel und Schloss» für jede Art spezifisch sind, lassen sich die meisten Arten anhand der männlichen Pedipalpen und der weiblichen Epigyne eindeutig identifizieren.

Beine

Die in vier Paaren angeordneten Beine sind jeweils durch Gelenke in Segmente unterteilt; das Ende des letzten Segments oder Fußgliedes (Tarsus) ist mit Krallen besetzt. Netzspinnen besitzen meist drei Krallen, mit denen sie sich am Netz festklammern (siehe Seite 25), während manche umherstreifende und jagende Spinnenart eine Kralle eingebüßt hat; an ihre Stelle ist hier ein Büschel Hafthaare (Scopulae) getreten. Einige Familien tragen am vierten Beinpaar außerdem eine Reihe gekrümmter Borsten an der oberen (dorsalen) Seite des Metatarsus, das sogenannte Calamistrum (Kräuselkamm). Mit diesem kämmen die Tiere eine zähe Substanz vom Spinnfeld ab und bringen diese auf normaler Spinnenseide auf; so entsteht ein dickes, wattiges, blau schimmerndes Netz.

Die Beine tragen verschiedene Haare und Stacheln, die jeweils bestimmte Aufgaben erfüllen. Die meisten dienen der Sinneswahrnehmung und verfügen über eine eigene Nervenversorgung. Manche dieser Sinneshaare sind berührungsempfindlich, andere, am Ende der Beine sitzende sind chemosensitiv und erlauben es, durch Betasten zu «schmecken»; bestimmte feine, senkrecht abstehende Haare wiederum, die Trichobothrien, sind sehr empfindlich für Luftzug und Vibrationen. Robustere, stachelähnliche Haare helfen beim Beutefang. Spring- und Luchsspinnen besitzen oft flach anliegende, an Schmetterlingsschuppen erinnernde Haare, die das Licht irisierend reflektieren.

An Beinen und Körper finden sich außerdem oft weitere Sinnesorgane – Haare oder Spalten –, die Druck, Feuchtigkeit oder Wärme registrieren.

Calamistrum

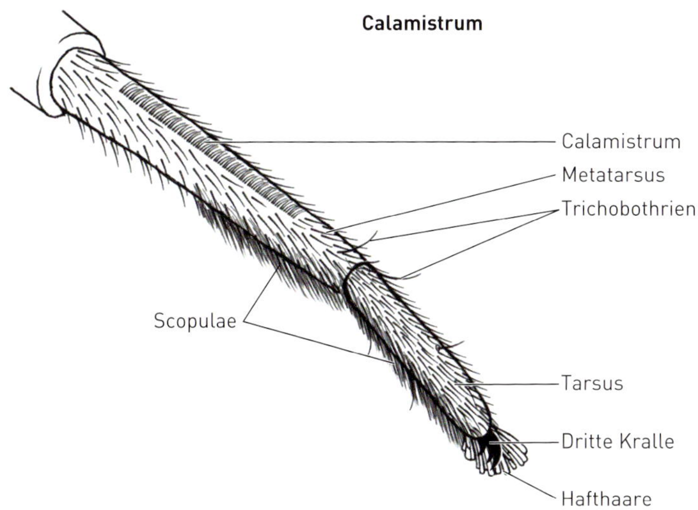

Beinsegment mit Haaren und Stacheln

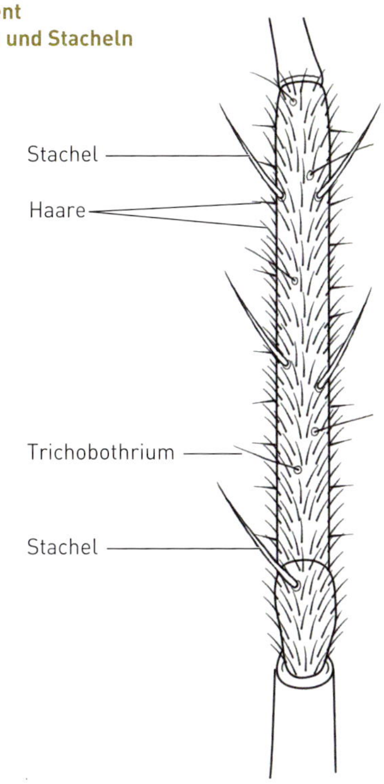

◂ Eine Goldene Seidenspinne *(Nephila clavipes)* nach der Häutung.

Benennung und Klassifikation

Mit den anderen Gliederfüßern wie Krebsen, Tausendfüßern und Insekten bilden die Spinnen die Gruppe der Arthropoda. Im Gegensatz zu adulten Insekten, die sechs Beine und meist auch Flügel besitzen, verfügen die Spinnentiere oder Arachnida (zu denen auch Milben, Skorpione und Weberknechte gehören) über acht Beine. Innerhalb der Spinnentiere bilden die Spinnen die Ordnung Araneae (Webespinnen; nicht zu verwechseln mit der Spinnenfamilie Araneidae, den Radnetzspinnen). Nach ihrem Körperbau und Verhalten unterscheidet man bei den Spinnen noch zwei Unterklassen und über hundert Familien.

Bislang kennen wir etwa 40 000 Spinnenarten, doch dürfte es auf der Erde ungefähr dreimal so viele Arten geben, die es noch zu entdecken gilt – vorausgesetzt, ihr Lebensraum wird nicht vorher zerstört. Selbst in Mitteleuropa, wo an Naturforschern nicht gerade Mangel herrscht, werden regelmäßig bislang unbekannte Arten entdeckt, die zu den bekannten gut 1200 Arten hinzukommen. Und auch in Nordamerika harren zweifellos noch viele Arten ihrer Entdeckung.

Um sich angesichts dieser enormen Zahlen einen Überblick zu verschaffen, bedarf es einer sinnvollen Zusammenfassung der Spinnen in Gruppen mit ähnlichen Merkmalen. Nur die wenigsten Arten tragen populäre deutsche Namen oder solche anderer Sprachen – und selbst in diesen Fällen gehen die landessprachlichen Namen oft auf unterschiedliche Merkmale zurück.

Es braucht also international vereinbarte wissenschaftliche Bezeichnungen, um Chaos zu vermeiden. Die populäre Bezeichnung «Hausspinne» (englisch *house spider*) etwa kann sich auf mehrere Arten beziehen – die amerikanische *house spider* gehört gar zu einer ganz anderen Familie als die europäische Haus- oder Winkelspinne, und mit «Springspinne» (englisch *jumping spider*) können ganze 5000 verschiedene Arten gemeint sein!

Die wichtigsten Spinnengruppen

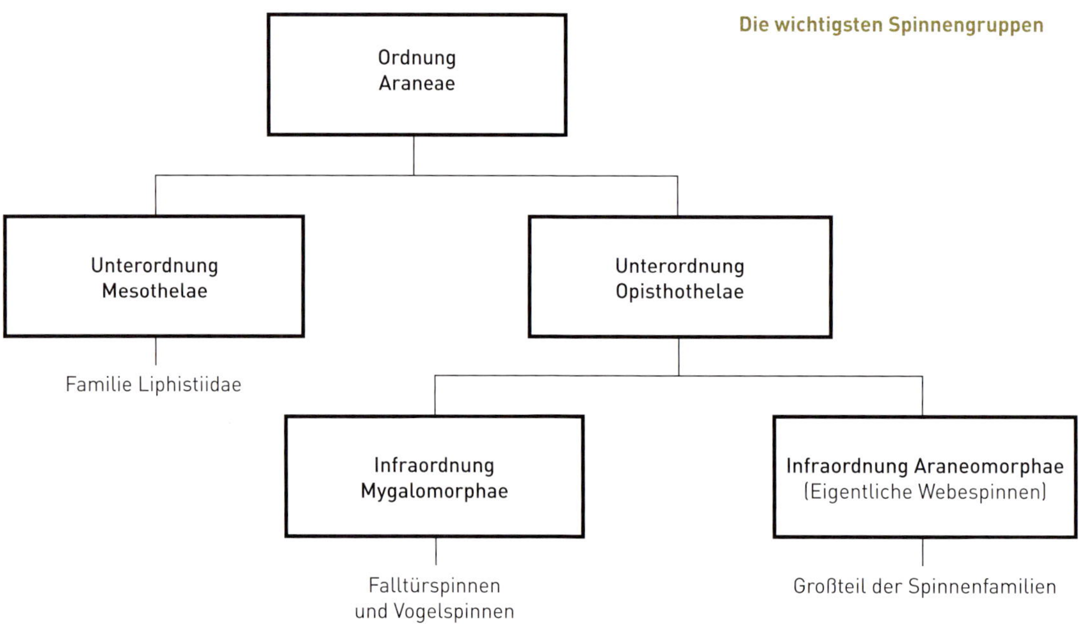

Klassifizierung am Beispiel von *Heliophanus flavipes*

Hierarchiestufe	Name	Erläuterung
Reich	Animalia	Tierreich (nicht: Pflanzenreich)
Unterreich	Metazoa	Vielzeller (nicht: Einzeller)
Stamm	Arthropoda	Gliederfüßer
Klasse	Arachnida	Spinnentiere
Ordnung	Araneae	Webespinnen
Infraordnung	Araneomorphae	Eigentliche Webespinnen
Familie	Salticidae	Springspinnen
Gattung	*Heliophanus*	griechisch für «sich in der Sonne zeigend»
Art	*flavipes*	lateinisch für «gelbbeinig»

Wissenschaftliche Namen werden nicht nach Gutdünken vergeben, sondern beziehen sich oft auf Merkmale in Körperbau oder dergleichen, die Hinweise auf die Verwandtschaft zwischen verschiedenen Gruppen geben. Die Klassifikation oder Taxonomie ist ein Ordnungssystem für Lebewesen, das auf evolutionären Verwandtschaftsverhältnissen basiert und eine sich verzweigende Hierarchie darstellt. Die oberste Hierarchiestufe ist das Reich, gefolgt von Unterreich, Stamm, Klasse, Ordnung, Unter- beziehungsweise Infraordnung, Familie, Gattung und schließlich der Art (Spezies). Um die Sache noch komplizierter zu machen (oder auch einfacher, das ist Ansichtssache), werden manchmal weitere Abstufungen ergänzt, etwa Unterfamilien oder gar Unterarten.

Die Familienbezeichnungen enden, so die Konvention, auf -idae, doch deutscht man die wissenschaftliche Bezeichnung gelegentlich auch ein und spricht dann etwa von der Familie der Radnetzspinnen (Araneidae) als «Araneiden». In diesem Buch sind nur die korrekten Familiennamen hervorgehoben.

Die Tabelle zeigt die Klassifikation am Beispiel von *Heliophanus flavipes*, einer Springspinne.

Im Folgenden seien die beiden Unterordnungen kurz vorgestellt, die man bei den Webespinnen unterscheidet. Dabei geht es um grundlegende Unterschiede im Körperbau, aus denen sich die verschiedenen Familien ableiten.

Unterordnung Mesothelae

Diese Unterordnung umfasst eine phylogenetisch sehr alte Gruppe von Spinnen, von der sich alle neueren Spinnenformen ableiten. Heute gibt es nur noch eine einzige Familie der Mesothelae mit wenigen Arten; alle sind in Südostasien zu finden und werden daher in diesem Buch nicht vorgestellt. Eine interessante Besonderheit dieser Spinnen ist, dass sie – ähnlich wie Insekten, jedoch im Gegensatz zu den anderen Spinnen – einen segmentierten Hinterleib besitzen. Überdies sitzen an der Bauchmitte acht Spinnwarzen. Alle Spinnen dieser Unterordnung leben in Hohlräumen oder unterirdischen Gängen, die mit Falltüren verschlossen sind.

Unterordnung Opisthothelae

Alle in diesem Buch porträtierten Spinnen gehören dieser Unterordnung an, die wiederum in zwei Infraordnungen unterteilt ist, die Mygalomorphae und die Araneomorphae.

Infraordnung Mygalomorphae

Die großen, haarigen Spinnen dieser Infraordnung sind den meisten Menschen als Vogelspinnen oder «Taranteln» geläufig, doch sind sie mit den echten Taranteln Südeuropas nicht verwandt; diese gehören zu den Wolfspinnen (Lycosidae).

Die Vogelspinnenartigen (Mygalomorphae) sind eine relativ primitive Gruppe. Sie umfasst 15 Familien; alle zeichnen sich durch große, nach vorn gerichtete Cheliceren aus, deren Endglieder sich parallel zueinander auf und ab bewegen. Diese Spinnen besitzen zudem zwei Paar Fächerlungen; die «moderneren» Spinnen dagegen besitzen nur ein Paar. Wie die Mesothelae leben auch die meisten Mygalomorphae in Erdlöchern, die oft durch Falltüren verschlossen sind – daher auch die Bezeichnung «Falltürspinnen». In Nordamerika gibt es mehrere Arten, in Mitteleuropa dagegen nur drei der Gattung *Atypus*, die zur Familie der Tapezierspinnen (Atypidae) gehören (siehe Seite 173).

Infraordnung Araneomorphae

Diese auch «Eigentliche Webespinnen» genannte Infraordnung umfasst die Mehrzahl der Spinnen und gilt als besonders hoch entwickelt. Die Araneomorphae unterscheiden sich von allen anderen Spinnen in der Befestigung und Stellung ihrer Cheliceren, die sich seitwärts bewegen können und damit eine größere Spannweite haben. Die Spinnen dieser Gruppe produzieren zudem verschiedene Arten von Seide und atmen über Tracheen, wofür sie eines der beiden Fächerlungenpaare der Mygalomorphae eingebüßt haben (bei Insekten hat sich diese Entwicklung noch einen Schritt weiter vollzogen; sie atmen ausschließlich über Tracheen).

Die zahlreichen Familien (es sind über achtzig) der Araneomorphae zeigen die ganze Vielfalt an Körperformen und Lebensweisen, dank deren die Arten dieser Infraordnung den ganzen Globus besiedeln konnten. Die Spinnen der einzelnen Familien unterscheiden sich meist in mehreren Merkmalen deutlich.

Die vielen Familien der Spinnen wiederum umfassen jeweils eine oder mehrere Gattungen. Der Gattungsname ist stets großgeschrieben und bildet den ersten Teil des wissenschaftlichen Namens. Eine Gattung kann eine oder mehrere Arten (Spezies) umfassen; der kleingeschriebene Artname bildet den zweiten Teil des wissenschaftlichen Namens. Konventionsgemäß wird der zweiteilige wissenschaftliche Name (und auch der Gattungsname allein) immer kursiv geschrieben. Die Arten einer Gattung sind einander äußerlich und in der Lebensweise meist sehr ähnlich, oft aber an unterschiedliche Lebensräume angepasst.

Da Spinnen im Vergleich zu den meisten anderen Tiergruppen bislang noch wenig erforscht sind und man immer wieder neue Arten entdeckt, formulieren die Taxonomen die vermutlichen Verwandtschaftsverhältnisse zwischen den einzelnen Spinnen des Öfteren neu. Daher kommt es vor, dass sich wissenschaftliche Namen ändern und Arten anderen Gattungen zugeordnet werden. Es ist also Vorsicht geboten – die in verschiedenen Büchern benutzten wissenschaftlichen Namen stimmen oft nicht miteinander überein! In naher Zukunft könnte die Verwandtschaft zwischen den Spinnenfamilien allerdings durch DNA-Analysen vielleicht geklärt werden.

Eine Radnetzspinne hält mit ihren Krallen das Netz fest.

Spinnenseide

Verschiedene Wirbellose produzieren Seide, so etwa manche Insektenlarven und Milben. Kein Tier aber setzt die Seide so geschickt und vielseitig ein wie die Spinnen. Sie silbrigen Seidenfäden ziehen sich sozusagen durch das ganze Spinnenleben, und sie sind es auch, dank deren die Spinnen im Laufe der letzten 300 Millionen Jahre so erfolgreich mit den Insekten mithalten konnten. Doch Spinnen bauen mit Seide nicht nur Fallen; mit bis zu sechs unterschiedlichen Spinndrüsen produzieren sie verschiedenste Arten von Seide: klebrige, zähe Seide, Seide zur Befestigung von Fäden, Leim, um ihn auf Fäden aufzubringen, Seide, um Beute darin einzuwickeln, Fadenwatte (Cribellumwolle), Seide für Schleppleinen, Seide für Eikokons und schließlich Seidenfäden, an denen winzige Spinnchen in Tausenden Metern Höhe «Ballon fahren».

Spinnenseide ist ein faseriges Protein aus Aminosäuren und wird von speziellen Spinndrüsen im Abdomen gebildet. Mit bloßem Auge erscheint sie wie ein einzelner Faden, tatsächlich aber besteht sie aus mehreren sehr feinen Strängen mit Durchmessern von 0,00025 bis 0,001 Millimetern. Das zunächst flüssige Drüsensekret wandert durch lange Ausführungsgänge und tritt über winzige Spinnspulen auf den Spinnwarzen aus; dabei verfestigt es sich zu Strängen. Die meisten Spinnen tragen zwei oder drei Paar Spinnwarzen am Hinterleibsende.

Die Größe der Spulenöffnung bestimmt, in welcher Dicke und Geschwindigkeit der Seidenfaden austritt. Die aus den Spinnspulen ausgetretenen Flüssigkeitsmoleküle bilden an der Luft lang gezogene Stränge, die schließlich von den Spinnwarzen zu einem starken Seidenfaden gewunden werden. Eine Spinne dabei mit dem Vergrößerungsglas oder durch das Kameraob-

Eine Dreiecksspinne *(Hyptiotes paradoxus)* rollt ihr altes Netz zusammen, um es wiederzuverwerten. Wegen der schnellen Bewegung erscheinen die Beine etwas unscharf (siehe auch Seiten 135–137).

jektiv zu beobachten, ist mehr als faszinierend, denn außer Spinnwarzen und Spinnfeld (Cribellum) sind nicht selten alle acht Beine gleichzeitig im Einsatz, bearbeiten den Faden oder halten die Spinne am Netz fest.

Die Tiere folgen dabei natürlich einem Instinkt; dennoch erinnert mich das Ganze immer an einen Organisten, der mit zehn Fingern und beiden Füßen eine Bach-Fuge spielt.

Jede einzelne Spinndrüse ist optimal für die Produktion von Seide einer bestimmten Qualität konstruiert. Indem sie Seidenfäden unterschiedlicher Qualität zusammenwindet, kann die Spinne daher verschiedenartige Netze bauen. Manchmal wird die Seide auch in mehreren Schichten verarbeitet, die dann je nach Bedarf mit unterschiedlichen Substanzen überzogen werden – etwa mit Leim oder wasserabweisendem Material.

Die Belastbarkeit und Elastizität des Spinnfadens ist legendär; so sind manche Fäden fünfmal belastbarer als ein Stahlseil desselben Durchmessers, und Spinnenseide lässt sich bis auf etwa das Dreifache ihrer ursprünglichen Länge dehnen. Bis heute ist das Geheimnis ihrer genauen Zusammensetzung noch nicht enträtselt.

Seide kostet den Körper viele Ressourcen. Will die Spinne daher ein beschädigtes Netz ersetzen oder an einen anderen Standort wechseln, wird das alte Netz wiederverwertet, indem sie es Stück für Stück zu einer Kugel aufrollt und verspeist.

Bau eines typischen Radnetzes

Die größte Schwierigkeit beim Bau eines Radnetzes bereitet der erste Faden, denn er muss eine belastbare horizontale Aufhängung für das ganze Netz bilden. Wie also bringt die Spinne diesen Faden zwischen zwei Punkten an? Die Antwort ist ganz einfach: mit dem Wind – und mit ein wenig Glück. Der Wind trägt einen dünnen, aus ihren Spinnwarzen tretenden Faden fort, der im günstigen Fall an einer geeigneten Stelle festhaftet. Sodann verstärkt die Spinne diesen ersten Brücken- oder Tragfaden mit weiteren Strängen. Ist er stark genug, um ein ganzes Netz zu tragen, hängt die Spinne einen zweiten Faden an den Brückenfaden, sodass ein Y entsteht. Dieses bildet die ersten drei Speichen des Netzes. Sind alle Speichenfäden (Radien) gesponnen, legt die Spinne eine vorläufige Fadenspirale an. Während sie dann die eigentliche, feiner gewobene Fangspirale baut, verzehrt sie die vorläufige Fadenspirale wieder.

Unsichtbare Kunstwerke

Das menschliche Auge kann Objekte mit einem Durchmesser von weniger als 25 Mikrometern bei einem Abstand von zehn Zentimetern nicht mehr erkennen; der Faden eines Spinnennetzes hat aber meist einen Durchmesser von nur 0,15 Mikrometern, die feinsten Fäden sind sogar nur 0,02 Mikrometer dick. Daher können wir den Faden nur sehen, wenn er von Staub oder Tautropfen bedeckt ist oder ein Sonnenstrahl oder sonstiges helles Licht ihn trifft. Die Netzkonstruktion bleibt darum für uns größtenteils unsichtbar, da meist jeweils nur Teile davon entsprechend beleuchtet sind. Eine Zeichnung ist deshalb für die Darstellung des Netzbaus dienlicher als ein Foto.

▼ Bau eines typischen Radnetzes.

Unterscheidung nach Geschlecht und Alter

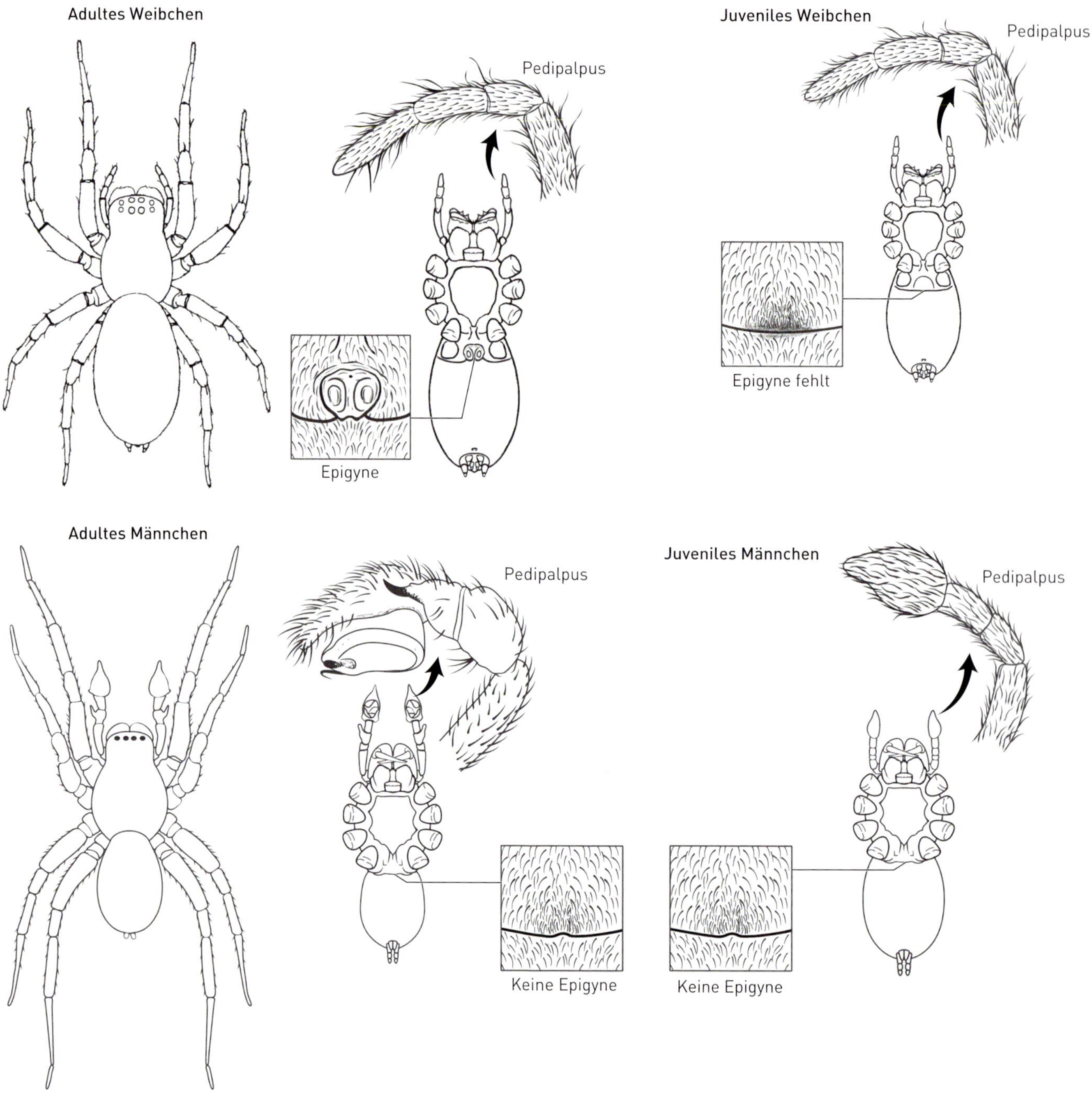

Geschlechtsbestimmung

Dieses Buch ist nicht in erster Linie ein Bestimmungsbuch; diese Aufgabe erfüllt bereits eine ganze Reihe anderer Werke aufs Beste (siehe weiterführende Literatur). Dennoch ist es nützlich, das Geschlecht einer Spinne bestimmen zu können, zumal das der erste Schritt zu ihrer Identifizierung ist. Viele Spinnen, vor allem die kleineren Arten, lassen sich nur durch sorgfältige mikroskopische Untersuchung der Pedipalpen oder Epigyne bestimmen. Von Jungtieren lässt man zur Bestimmung am besten die Finger!

Balz und Paarung

Das Werbe- und Paarungsverhalten der Spinnen steht im Tierreich praktisch einzigartig da. Die Geschlechtsorgane und ihre Funktion, die ausgefeilte Balz und das anschließende bizarre Kopulationsverhalten muten fast an wie aus einem Science-Fiction-Roman. Spinnenmännchen und -weibchen unterscheiden sich oft deutlich in Farbe, Größe und Form; die meist deutlich kleineren Männchen geben sich oftmals an ihren auffällig großen Pedipalpen zu erkennen.

Die Genitalöffnungen beider Geschlechter befinden sich jeweils an der Bauchunterseite zwischen den Fächerlungen. Die Männchen verfügen zudem über außerordentlich komplizierte akzessorische Geschlechtsorgane am letzten Segment (Tarsus) ihrer Pedipalpen. Der Bau dieser Organe ist streng artspezifisch; zwischen ihnen und den im Hinterleib gelegenen Hoden besteht keinerlei Verbindung. Das Geschlechtsorgan des Weibchens, die Epigyne, befindet sich unmittelbar über der Geschlechtsöffnung an der Epigastralfurche zwischen den Fächerlungen. Es ist weniger kompliziert gebaut als das der Männchen; entscheidend ist jedoch, dass beide während der Kopulation wie Schlüssel und Schloss perfekt ineinanderpassen.

Der Paarungsvorgang zieht sich meist recht lange hin und beginnt damit, dass das Männchen ein kleines, recht- oder dreieckiges Spermanetz webt, auf dem es ein Tröpfchen Samenflüssigkeit absetzt; diese enthält die Spermatozoen (Samenzellen). Nun kommen die Pedipalpen ins Spiel: In diese wird die Samenflüssigkeit aufgesaugt, ähnlich wie Tinte in einen Füllfederhalter. Ob dies durch aktives Saugen oder durch Kapillarkräfte erfolgt, ist noch unbekannt. Die Spermatozoen bleiben hier, bis das Männchen eine Partnerin findet.

Also begibt es sich nun auf die Suche. Je nach Spinnenart und Populationsdichte kann es wenige Minuten bis mehrere Tage dauern, ist jedoch ein Weibchen ausgemacht, beginnt das Spiel. Bei manchen Spinnen ist die Partnerwerbung kurz oder findet gar nicht statt – die Partner nehmen einfach die Kopulationsstellung ein und paaren sich –, doch bei den meisten Spinnenarten haben sich Rituale entwickelt, die oft noch die extravaganteste Vogelbalz in den Schatten stellen.

Für derlei Rituale gibt es gute Gründe. Die Paarung ist für Männchen oft eine gefährliche Sache, nicht nur, weil die Weibchen ausgeprägt räuberische Instinkte haben, sondern auch, weil sie meist beträchtlich größer sind als ihre Partner. Nähert sich das Männchen dem Weibchen nicht in der richtigen Weise und hält es sich nicht an das arttypische Werberitual, wird es nicht selten als Beute angesehen und verspeist, statt zur Paarung zu gelangen.

Epigyne eines Spinnenweibchens (Gattung *Pisaura*).

Eine männliche Radnetzspinne der Gattung *Neoscona* nähert sich vorsichtig einem Weibchen.

Der Verlauf der Paarung richtet sich nach der Lebensweise der Spinne und danach, welche Sinne für sie die größte Rolle spielen. Bei Netzspinnen dient das Netz während der Partnerwerbung als Kommunikationsbrücke. Das Männchen zupft zunächst in bestimmter Weise vorsichtig am Netz, sodass das Weibchen die festgeschriebenen Signale erkennen kann. Ist das Weibchen bereit, darf das Männchen auf das Netz kommen, und die Kopulation erfolgt. Eher selten kommt es vor, dass ein falscher Code gezupft wurde oder das Weibchen nicht paarungswillig ist; dann jedoch sollte das Männchen auf der Hut sein. Tropische Springspinnen der Gattung *Portia* machen sich das Paarungsverhalten zunutze; sie imitieren die codierten Signale männlicher Netzspinnen und verschaffen sich so Zugang zum Weibchen, das prompt angegriffen und gefressen wird. Offenbar verfügen diese Spinnen sogar über ein genetisch programmiertes Repertoire an Signalen, aus dem sie je nach Art wählen können. Zudem passen sie ihre Signale durch Versuch und Irrtum in Reaktion auf das Verhalten ihrer Beute an. Während das vorprogrammierte Signalrepertoire bei von Instinkten gesteuerten Tieren nicht überrascht, ist doch das Lernen durch Versuch und Irrtum ein Problemlösungsverhalten, das man bei einem wirbellosen Tier nicht unbedingt vermuten würde.

Jagdspinnen brauchen gute Augen, um ihre Beute aufzuspüren, und so beruht auch ihre Partnerwerbung auf optischen Signalen. Hat das Männchen eine passende Partnerin gefunden, etwa indem es sich – wie manche Insekten – an deren Pheromonen orientiert hat, signalisiert es sein Anliegen durch komplizierte Bewegungen der Beine und Pedipalpen. Besonders die entzückenden kleinen Springspinnen erweisen sich hier als wahre Kavaliere. Sie besitzen die besten Augen unter den Spinnen und vollführen daher auch die ausgefallensten Tänze. Die Männchen schwen-

➤ Das Männchen führt seine auffällig verdickten Pedipalpen in die Epigyne des Weibchens ein.

ken die Beine und lassen ihre Pedipalpen vibrieren; dabei folgen sie streng artspezifischen Mustern. Die Darbietungen werden teilweise noch durch helle metallische Farben und schmückende Haarbüschel an Kopf und Beinen unterstrichen. Zudem werden auch akustische Signale, teilweise synchron mit den Bewegungen, eingesetzt.

Andere Familien verfolgen schlichtere Strategien der Partnerwerbung. Bei den relativ primitiven Mygalomorphae (Vogelspinnenartigen) haben beispielsweise die Weibchen eine kaum erkennbare Epigyne und das männliche Geschlechtsorgan (Bulbus) ist einfacher ausgebildet; hier erfolgt die Werbung einfach über Berührungen. Andere Spinnen sind hauptsächlich nachtaktiv und leben verborgen unter Steinen, Rinde oder in Hohlräumen. Sie orientieren sich in ihrer Umwelt fast ausschließlich über den Tast- oder Geschmackssinn, und zwar mithilfe von speziellen Sinnesorganen an ihren Beinen. Unwahrscheinlich, dass hier das Zusammentreffen von Partnern dem Zufall überlassen wird, denn das würde – besonders wenn die Populationsdichte aus bestimmten Gründen gering ist – in eine evolutionäre Sackgasse führen. Solche Spinnen, etwa die Jagdspinnen, greifen wahrscheinlich auf Pheromone zurück.

Einige Spinnenmännchen, etwa die der Raubspinnen der Gattung *Pisaura*, «bestechen» ihre Partnerinnen mit einem Brautgeschenk in Form eingewickelter Beute. So lenken sie den räuberischen Instinkt des Weibchens ab. Besonders ungewöhnlich ist die Technik von Krabbenspinnen der Gattung *Xysticus*, denn diese betreiben regelrechte Fesselspiele. Dabei umkreist das Männchen das Weibchen immer wieder und streicht sanft mit seinen Beinen über seine Partnerin, bis sich diese schließlich gefügig zeigt. Dabei überzieht das Männchen das Weibchen mit einem dünnen Gespinst; das Weibchen wird so immobilisiert und die Paarung kann ohne Risiko für das Männchen vollzogen werden. Hat sich das Männchen zurückgezogen, befreit sich das Weibchen und legt seine Eier ab.

Wie die Partnerwerbung variiert auch der eigentliche Paarungsakt bei den einzelnen Familien stark. Letztlich muss das Paar eine Position einnehmen, in der das Männchen mit seinen vollgesogenen Pedipalpen die weibliche Epigyne erreichen kann, um die Samenflüssigkeit zu übertragen. Die Prozedur wird durch die Konstruktion der Pedipalpen und Epigyne vorgegeben, doch würde es den Rahmen dieses Buches sprengen, darauf im Einzelnen einzugehen. Das Weibchen speichert die Spermatozoen in seinem Hinterleib, bis es sie zur Befruchtung der Eier benötigt.

Manche Spinnenmännchen stellen ihre Vaterschaft mithilfe eines «natürlichen Keuschheitsgürtels» sicher, indem sie die Epigyne des Weibchens versiegeln. Bei anderen Arten wird dasselbe dadurch erreicht, dass das Paar friedlich zusammenbleibt; so kann das Männchen potenzielle weitere Partner abwehren. Oft lassen die Spinnenmännchen ihre Partnerin auch zurück, um sich auf die Suche nach weiteren paarungswilligen Weibchen zu machen; lassen ihre Kräfte nach, fallen sie jedoch nicht selten einem Weibchen der eigenen Art zum Opfer. Als Menschen finden wir diesen Gedanken natürlich abschreckend, doch aus Sicht der Spinne ist dieses Schicksal allemal besser für den Erhalt der Art, als von einem Vogel gefressen zu werden oder einfach an Erschöpfung oder Altersschwäche zu sterben.

Spinnenbisse

Anders als bei den meisten Insekten ist der Spinnenkörper weich und verwundbar. Viele Spinnen besitzen außerdem weder Krallen noch große Kiefer oder Stachel; die meisten sind vielmehr schwach und scheu. Ihre Fähigkeit, Feinde und Beute zu überwältigen, ist für sie von entscheidender Bedeutung – das Netz und der giftige Biss sind für sie also überlebenswichtig. Paradoxerweise sind die giftigsten Arten meist recht klein;

Eine männliche Wasserspinne der Gattung *Argyroneta* präsentiert ihre kräftigen Kiefer.

sie verlassen sich auf ihr wirksames Gift, um gefährliche Beute rasch zu lähmen.

Spinnen beißen nur selten, selbst wenn man sie provoziert. Für eine Spinne ist die menschliche Haut nur eine Oberfläche, um darüberzulaufen; es besteht für sie also kein Anlass zuzubeißen. Außerdem sind die meisten mitteleuropäischen Spinnen viel zu klein, als dass sie unsere Haut durchdringen könnten. Ihr Beißinstinkt richtet sich auf kleine, sich bewegende oder vibrierende Objekte wie Insekten, nicht auf Finger. Die meisten Spinnenbisse erfolgen, wenn eine Spinne versehentlich gegen die Haut gedrückt wird.

Nur eine Handvoll europäischer Arten haben das Zeug dazu, einen Menschen zu beißen, und ihr Biss hat kaum schwerer wiegende Folgen als ein kleines Piksen oder eine kleine Hautreizung. Angesichts der ungeheuren Zahl von Spinnen sind Bisse extrem selten. In wärmeren Regionen sind allerdings ein paar weniger sympathische Gesellen unterwegs – die Schwarzen Witwen (Gattung *Latrodectus*) und Einsiedlerspinnen (Gattung *Loxosceles*) sind in Nordamerika berüchtigt, in Australien dagegen genießen Röhrenvogelspinnen der Gattung *Atrax* einen schlechten Ruf. Sie gelten sogar als giftigste Spinnen der Welt. Nur wenige Todesfälle gehen jedoch tatsächlich auf das Konto von Spinnenbissen; durch Bienen- und Wespenstiche sterben dagegen jährlich Tausende von Menschen. Glücklicherweise kommen in Mitteleuropa keine für den Menschen gefährliche Spinnen vor.

Die Legenden, die sich um die Tarantel ranken, beginnen schon mit deren Namen. Dieser leitet sich von der italienischen Stadt Tarent (Taranto) ab, wo man verschiedene Symptome von starken Schmerzen und Erbrechen bis hin zu Spasmen und Exhibitionismus auf den Biss einer bestimmten Spinne zurückführte. Heilung versprach ein hektischer Tanz – die Tarantella – des Betroffenen, bis

Eine Sechsaugenspinne der Gattung *Dysdera* in Drohhaltung.

er erschöpft zusammenbrach. Die beschuldigte Apulische Tarantel (*Lycosa tarentula*), eine große Wolfspinne, verbringt allerdings die meiste Zeit ihres Lebens in unterirdischen Röhren; höchst unwahrscheinlich, dass sie jemanden beißt, und ihr Gift ist für den Menschen eher harmlos. Wenn überhaupt eine Spinne die Ursache war, dann vielleicht die Malmignatte (*Latrodectus tredecimguttatus*), eine hübsche, rot gefleckte, mit den Schwarzen Witwen verwandte Kugelspinne.

Selbst die großen, haarigen Vogelspinnen oder «Taranteln» sind zu Unrecht gefürchtet. Zwar können sie mit ihren kräftigen Kiefern leicht unsere Haut durchdringen, doch zeigt das Gift der meisten Arten beim Menschen kaum Wirkung. Eine der berühmtesten Vogelspinnen aller Zeiten war vielleicht Thomas, den ich in den 1960er-Jahren hielt. Man hatte ihn in einer Bananenstaude gefunden. In seiner Filmrolle im ersten James-Bond-Film «James Bond jagt Dr. No» ließ er sich – wenn auch nur zögernd – dazu überreden, über Sean Connerys nackte Brust zu laufen ... doch das ist eine andere Geschichte.

Sowohl in Mitteleuropa als auch in Nordamerika gibt es einige Ausnahmen. Einige größere Arten wie die Winkelspinnen (Gattung *Tegenaria*) und die Kreuzspinnen (Gattung *Araneus*) können zwicken, wenn man unbedacht mit ihnen umgeht oder sie mit der Hand fängt. Wasserspinnen (Gattung *Argyroneta*) und Sechsaugenspinnen der Gattung *Dysdera* beißen angeblich, auch wenn man sie nicht provoziert, und es gibt einige Berichte über Bisse von *Scotophaeus blackwalli*, einer Plattbauchspinne. Das ist im letzteren Fall durchaus nachvollziehbar. Diese Spinne ist nicht nur bei uns verbreitet, sie streift auf der Suche nach Beute auch mit Vorliebe nachts an Hauswänden umher. Mit einsetzender Dämmerung verkriecht sie sich dann oft in herumliegenden Kleidungsstücken, besonders in Zimmerecken oder an Wänden. Wird das Tier nun aus seinem Schlummer gerissen und findet sich plötzlich in einer Achselhöhle oder sonstigen empfindlichen Körperstelle des Menschen wieder, versucht es sich natürlich mit seiner einzigen Waffe zu verteidigen. Aus exakt diesem Grund wurde ich einmal von der eher seltenen Marmorierten Kreuzspinne (*Araneus marmoreus*) gebissen. Das Tier musste in mein Hemd gekrochen sein, während es neben einigen Büschen auf der Wäscheleine gehangen hatte. Es war nur ein kleines Zwicken, aber um sicherzugehen, sollte man seine Wäsche vor dem Anziehen einmal ausschütteln.

Steatoda nobilis, eine Kugelspinne, lauert am Rande ihres Haubennetzes.

Eine andere europäische Spinne, die uns beißen kann, ist *Segestria florentina*, eine Fischernetzspinne. Diese recht große Art mit grünlich schimmernden Kiefern lauert typischerweise in Mauerlöchern (siehe Seite 168) und stürzt sich auf alles, was in die Nähe von deren Eingang kommt – auch einen Finger. Ein Freund von mir war so mutig, dies auszuprobieren, woraufhin die Spinne wie eine Muräne hervorschoss und sich in seinen Finger verbiss. Erst nach über zehn Sekunden ließ sie los; der Finger war danach zwei Tage lang taub!

In letzter Zeit häufen sich Berichte über eine von Madeira und den Kanaren eingeschleppte Spinnenart, die sich in Großbritannien verbreitet; wie die Schwarze Witwe lebt sie an Wohnhäusern und Nebengebäuden. Ihr Biss ist schmerzhaft, die Bissstelle schwillt an. Diese Art, *Steatoda nobilis* (siehe oben und Seite 148), zählt zu den Kugelspinnen (Theridiidae) und ist etwas kleiner als eine Gartenkreuzspinne. Ihr Körper ist rundlich und schimmert dunkelbraun. Ihr neurotoxisches Gift löst offenbar die Freisetzung eines Neurotransmitters aus und ähnelt dem Gift der Schwarzen Witwe (*Latrodectus mactans*), mit der die Art nahe verwandt ist. Inzwischen findet man sie in Schuppen und an Veranden bauchoben in ihrem Gespinst hängend. Die Art ist eindeutig auf dem Vormarsch – ich fand ein Exemplar an einem Brückengeländer, in größerer Entfernung von menschlichen Ansiedlungen. Am besten die Finger davon lassen!

Ohne Zweifel sind – von wenigen besonders giftigen Spinnen einmal abgesehen – Wespen- und Bienenstiche schmerzhafter und auch gefährlicher als Spinnenbisse. Für die meisten Menschen ist wohl die psychologische Wirkung eines Spinnenbisses traumatischer als der Biss selbst.

2

Nächtliche Jäger

Bei der Jagd verlassen sich nachtaktive Spinnen nicht auf Netze oder ein gutes Sehvermögen; ihre Beute spüren sie anhand von Geruch, Geschmack oder Vibrationen auf. Viele Spinnen sind nachts besonders aktiv, darunter viele Netzspinnen, Spei- und Winkelspinnen. Dies Kapitel ist jedoch den Arten gewidmet, die nachts aktiv jagen. Anders als tagaktive Arten sind sie meist eintönig braun, schwarz oder grau gefärbt und oft fein behaart. Auch im Verhalten sind sie unspektakulär; sie streifen eher umher und vollführen keine schnellen Sprünge wie tagaktive Jäger. Ihre Augen sind denn auch viel kleiner als bei den am Tage aktiven Spinnen. Tagsüber verbergen sich die nächtlichen Jäger in Wohngespinsten unter Steinen, in Astlöchern oder in aufgerollten Blättern.

Spinnenfamilien dieser Gruppe

Die Arten der Familie **Gnaphosidae** (**Plattbauchspinnen**) sind meist grau oder schwarz, ungemustert und von feinen, seidigen Haaren bedeckt; einige Arten zeigen auch einen irisierenden Schimmer. Die langen, relativ weit auseinanderstehenden Spinnwarzen sind zylindrisch geformt.

Plattbauchspinnen sind zumeist Bodenbewohner und nur selten in Waldhabitaten anzutreffen. Sie bauen sich röhrenförmige Wohngespinste in aufgerollten Blättern oder unter Steinen, in denen sie sich tagsüber verbergen. Ihre Beute machen sie mithilfe des Geruchs- und Tastsinnes aus oder lauern ihr auf.

In offenem Gelände und trockenen Gebieten findet man oft vor allem Exemplare dieser Familie, die in Mitteleuropa mit rund 105, in Nordamerika gar mit etwa 250 Arten vertreten ist.

◄ *Dysdera crocata*, eine Sechsaugenspinne.

Eine Sackspinne der Gattung *Clubiona* im Versteck.

Nächtliche Jäger sind auch die Spinnen der Familie **Dysderidae** (**Sechsaugenspinnen**). Die recht primitiven nachtaktiven Tiere sind eher kurzsichtig und haben allesamt einen länglichen, glatten Hinterleib ohne deutliche Musterung. Wie andere Bodenspinnen weben sie kein Fangnetz, bauen sich aber unter Baumstämmen und Steinen Wohngespinste.

Ihre nach vorn stehenden Kiefer verleihen ihnen ein bedrohliches Aussehen. Sie besitzen nur sechs kreisrund angeordnete Augen. Dem Weibchen fehlt die Epigyne; die Pedipalpen des Männchens sind einfach konstruiert. Die Spinnen sind auf Beutetiere spezialisiert, die die meisten anderen Spinnenarten nicht überwältigen können – Asseln. Daher ihre eindrucksvollen Chelicerenklauen, mit denen sie den festen Panzer dieser und ähnlicher Arthropoden durchbohren.

In Mitteleuropa findet man über zehn, in Nordamerika nur eine Art dieser Familie.

Die **Clubionidae** (**Sackspinnen**) sind eine große Familie mit fast ausschließlich nachtaktiven Arten, die oberflächlich den Gnaphosidae (Plattbauchspinnen) ähneln. Am einfachsten lassen sich beide anhand der Spinnwarzen unterscheiden, die bei den Gnaphosiden zylindrisch geformt sind und einen größeren Abstand haben, bei den Clubioniden dagegen eher konisch aussehen und kleiner wirken. Sackspinnen jagen zudem typischerweise im Blattwerk. Sie sind meist bräunlich oder grau gefärbt und von wenigen Ausnahmen abgesehen kaum gezeichnet, nur ihre seidige Behaarung zeigt gewisse Schattierungen. Die meisten Arten lassen sich nur unter dem Mikroskop sicher bestimmen.

Sackspinnen verdanken ihren Namen der Angewohnheit, tagsüber in einem Gespinstsack in einem aufgerollten Blatt, unter Steinen oder Rinde zu ruhen. Einige Arten findet man in trockenen Regionen am Boden, andere schätzen feuchtere Gebiete, wo sie in Büschen oder Bäumen leben. In Mitteleuropa gibt es etwa dreißig Arten, in Nordamerika 58.

Die Spinnen der Familie **Miturgidae** (**Dornfingerspinnen**) ähneln den Sackspinnen und wurden früher auch deren Familie zugeordnet, doch haben sie längere Beine und einen kräftigeren Körper. Wie Sackspinnen streifen sie nachts jagend umher und verbergen sich tagsüber in Gespinstsäcken. Die meisten Arten sind Bodenbewohner in Wäldern, Buschwerk und felsigen Wüsten. Diese Familie umfasst weltweit über 300 Arten; 14 davon findet man in Europa.

Die nachtaktiven Spinnen der Familie **Anyphaenidae** (**Zartspinnen**) sind meist im Blattwerk von Bäumen oder in herabgefallenem Laub zu finden, wo sie sich tagsüber in Gespinströhren verstecken. Unter dem Vergrößerungsglas sind sie an den an ungewöhnlicher Stelle sitzenden Atemöffnungen zu erkennen; diese befinden sich mitten auf der Hinterleibsunterseite. Die Tiere fangen Insekten nicht mit Netzen, sondern auf ähnliche Weise wie die Laufspinnen (Philodromidae). In Mitteleuropa findet man zwei, in Nordamerika 37 Arten.

Scotophaeus blackwalli auf einer Steckdose.

Scotophaeus blackwalli

Gnaphosidae (Plattbauchspinnen)

Diese Spinne ist in Häusern ein häufiger Gast. Im Gegensatz zu den Winkelspinnen sitzt sie nicht die meiste Zeit in dunklen Ecken in ihrem Netz, sondern stellt nachts heimlich an Wänden und Decke ihrer Beute nach. Oft sieht man sie als dahinhuschenden dunklen Fleck, der hie und da innehält.

Zwar baut sie kein Fangnetz, doch spannt sie wie so viele Spinnen auf ihrem Weg einen Seidenfaden hinter sich. Beutetiere wie Stechmücken, Nachtfalter oder Fliegen werden mit einem schnellen Sprung attackiert. Den Tag verbringt die Spinne in einem versteckten Wohngespinst, etwa hinter einem Bild oder in den Falten eines Vorhangs. Sie kann monatelang ohne Wasser auskommen und ist daher für das Leben im Haus bestens gerüstet.

Ein voll ausgewachsenes Weibchen ist etwa zwölf Millimeter lang. Diese Größe und ihre samtgraue, farblose Erscheinung lassen viele Betrachter erschaudern. Die Tiere sind zwar nicht aggressiv, doch kam es hier und da schon zu Bissen an weichen Hautstellen. Verglichen mit den Übergriffen durch anderes Kleingetier wie Wespen oder Bremsen sind diese jedoch zu vernachlässigen!

Scotophaeus blackwalli ist in wärmeren Regionen Europas das ganze Jahr hindurch unter Rinde oder in Mauerlöchern anzutreffen. Die Art wurde aus Europa nach Nordamerika eingeschleppt.

Scotophaeus blackwalli lugt aus ihrem Versteck in einer Steckdose.

Drassodes jagt nachts am Boden und zeigt die für diese Lebensweise typische Färbung.

Drassodes lapidosus

Gnaphosidae (Plattbauchspinnen)

Ein weiterer verbreiteter Vertreter dieser Familie ist *Drassodes lapidosus*. Diese größte und wehrhafteste der mitteleuropäischen Plattbauchspinnen wird bis zu 18 Millimeter lang. Die elegante, unauffällige Spinne ist flink und bringt sich schnellstens in Sicherheit, wenn sie in ihrem Tagesversteck unter einem Stein oder Stamm oder am Fuße eines Grasbüschels aufgestört wird. Nachts streift sie geschmeidig wie eine Raubkatze auf Beutesuche umher.

Die Gattung *Drassodes* umfasst mehrere Arten; *D. lapidosus* ist in ganz Europa anzutreffen. Einige Vertreter sind nur bei starker Vergrößerung sicher zu identifizieren. In Nordamerika gibt es sechs *Drassodes*-Arten.

Chelicerenklauen von *Dysdera*.

Dysdera crocata

Dysderidae (Sechsaugenspinnen)

Die hellorangefarbenen Beine, ein orangefarbener Carapax und der Hinterleib in kontrastierendem Beige sowie die eindrucksvollen Cheliceren mit ihren extrem scharfen Klauen verleihen dieser Art ein martialisches Aussehen. Diese Sechsaugenspinne bevorzugt warme Lebensräume, oft in der Nähe von Gebäuden. Den Tag verbringt sie in einem Wohngespinst unter Stämmen oder Steinen; nachts begibt sie sich auf Beutefang.

Die zwei Arten *D. crocata* und *D. erythrina* sind schwer zu unterscheiden. *D. crocata* ist vereinzelt auch in Nordamerika anzutreffen; wahrscheinlich wurde sie aus dem Mittelmeerraum eingeschleppt.

Nachtaktive Spinnen übertagen meist in einem Wohngespinst.

Eine Sackspinne auf nächtlicher Jagd.

Sackspinne mit Beute.

Clubiona phragmitis (Schilfsackspinne)

Clubionidae (Sackspinnen)

Die Lebensgewohnheiten der Sackspinnen ähneln einander sehr, obwohl sie je nach Art die unterschiedlichsten Lebensräume besiedeln. Hier sind zwei europäische Arten abgebildet: *Clubiona lutescens* (links), ein häufiger Bewohner von niedriger Vegetation und Buschwerk in oft feuchten Lebensräumen, und *Clubiona phragmitis* (rechts), die trockenere Habitate bevorzugt (dieses Exemplar wurde im Strandhafer auf einer Sanddüne aufgespürt).

Cheiracanthium erraticum mit Beute.

Cheiracanthium erraticum

Miturgidae (Dornfingerspinnen)

Die abgebildete Art ist der verbreitetste und hübscheste Vertreter der Gattung *Cheiracanthium* (Dornfinger). Im Gegensatz zu anderen Spinnen dieser Familie, die bevorzugt an Bäumen leben, trifft man *Cheiracanthium erraticum* in niedriger Vegetation wie Heide und Gras an. Von den Sackspinnen unterscheidet sie sich durch das längere, schlanke erste Beinpaar und schmal zulaufende, schräg vorstehende Cheliceren.

Um die Spinne aufzuspüren, hält man am besten nach ihren in verdorrte Grasrispen gewebten Gespinstsäckchen Ausschau, die der Spinne und ihren Eiern Schutz bieten. Im Gegenlicht erkennt man oft das darin kauernde Tier.

C. erraticum ist in Europa weit verbreitet; eine ähnliche Art, *C. mildei*, stammt aus Südeuropa und wurde in Nordamerika eingeschleppt. Die Bisse einiger der größeren Arten sollen nekrotisierende Blasen verursachen.

Anyphaena accentuata mit typischer Zeichnung auf dem Hinterleib (oben) und mit Beute auf einer Blüte (links).

Anyphaena accentuata

Anyphaenidae (Zartspinnen)

Nur wenige Spinnen erzeugen hörbare Laute, und diese Zartspinne ist eine davon. Im Zuge der komplizierten Partnerwerbung hebt das Männchen seine Vorderbeine und klopft mit dem Hinterleib energisch auf das unter ihm befindliche Blatt; so entsteht ein hoher Summton, als würde man eine Stimmgabel an ein Blatt Papier halten.

Anyphaena accentuata ist die einzige in unseren Breiten anzutreffende Zartspinne; in Nordamerika, dem Hauptverbreitungsgebiet der Familie, findet man viele verwandte Arten. *A. accentuata* ist durch die paarige Zeichnung auf dem Hinterleib praktisch unverkennbar; nach der Eiablage wird das Weibchen allerdings grau und verliert seine Zeichnung.

Zartspinnen sind besonders daran angepasst, schnell von Blatt zu Blatt zu springen; dabei attackieren sie Insekten wie kleine Fliegen und Heuschrecken, die ihre Aufmerksamkeit erregen. Um sich an Blättern und Zweigen festhalten zu können, tragen ihre Krallen Büschel von speziellen Hafthaaren (Scopulae).

Um die Tiere aufzuspüren, klopft man am besten im Frühsommer gegen die unteren Zweige von Bäumen (besonders Eichen) und Büschen; nur wenige Männchen überleben jedoch bis in den Juni.

3

Jagd bei Tageslicht

Verglichen mit den meisten anderen Spinnengruppen bedienen sich die tagaktiven Jagdspinnen eher herkömmlicher Methoden, um ihre Beute zu fangen. Sie nutzen keine ausgefeilten Techniken wie Speien oder den Bau von Fangnetzen, sondern lokalisieren ihre Beute visuell und greifen diese an oder lauern ihr auf. So jagen viele Wolfspinnen in schnellem Lauf – vergleichbar einem Geparden bei der Antilopenjagd –, hier und da mit einem kleinen Sprung dazwischen. Die tagaktiven Jäger, zu denen vor allem Spring-, Wolf-, Raub- und Luchsspinnen gehören, greifen bei der Jagd vor allem auf den Gesichtssinn zurück und sind daher meist an ihren großen Augen zu erkennen.

Am vertrautesten sind uns wohl die Wolfspinnen – jeder, der im Frühling oder Frühsommer einmal auf dem Lande unterwegs war, hat gewiss auf dem trockenen Wald- oder Wiesenboden diese Bodenbewohner gesehen, wie sie sich eilends in Sicherheit brachten. Man kann sogar sagen, dass jede auf festem Grund dahinflitzende Spinne wahrscheinlich zu den Wolfspinnen gehört. Entsprechend ihrem bevorzugten Lebensraum sind die Wolfspinnen meist braun oder grau gefärbt; einige Arten tragen hellere Zeichnungen, die erst bei näherem Hinsehen erkennbar sind. Fast alle jagen tagsüber und sind demzufolge mit zwei großen, nach vorn gerichteten Mittelaugen ausgestattet. Zwar sieht man die Tiere oft in großer Zahl, doch jagen sie nicht im Rudel, wie der Name vielleicht vermuten ließe.

Als tagaktive Jäger betätigen sich auch die Jagd- oder Raubspinnen (Familie Pisauridae), deren bekanntester Vertreter wohl die elegante *Pisaura mirabilis* ist, sowie die Scharfaugen- oder Luchsspinnen (Familie Oxyopidae). Letztere jagen auf Vegetation und springen dabei nicht selten wie Springspinnen von Blatt zu Blatt. In Europa findet man nur drei Luchsspinnenarten. Auch die Wanderspinnen (Familie Zoridae) findet sich in diesem Kapitel. Sie ähneln in mancher Hinsicht den Sackspinnen, doch sind sie vornehmlich tagaktive Jäger.

◂ Anordnung der Augen bei einer Wolfspinne der Gattung *Trochosa*.

Spinnenfamilien dieser Gruppe

Die **Lycosidae** (**Wolfspinnen**) verdanken ihren Namen dem dunklen, pelzigen Äußeren und ihrer Fähigkeit, in schnellem Lauf Beute zu machen. Als aktive Jäger brauchen sie einen guten Gesichtssinn, und tatsächlich zeichnen sie sich durch vergrößerte hintere Mittelaugen aus, die Vorderaugen sind oft klein und in einer Reihe angeordnet. Als eine der umfangreichsten Spinnengruppen umfasst die Familie weltweit über 2300 Arten; artenreicher sind nur noch die Salticidae (Springspinnen), Linyphiidae (Baldachinspinnen) und Araneidae (Radnetzspinnen).

Wolfspinnen leben meist umherstreifend und fallen – besonders an heißen Tagen – oft auf, wenn sie sich hastig vor dem nahenden Spaziergänger in Sicherheit bringen. Weibchen tragen häufig ihren Eikokon an den Spinnwarzen mit sich herum. Einige Arten graben Wohnröhren und stürzen sich auf Insekten, die in die Nähe des Eingangs kommen. Andere wie die Arten der Gattung *Trochosa* sind nachtaktiv und lassen sich im Dunkeln mit der Taschenlampe aufspüren, denn ihre Augen reflektieren das Licht genauso wie die nachtaktiver Säuger.

Auch die **Pisauridae** (**Jagd- oder Raubspinnen**) leben umherstreifend, bauen also keine Fangnetze, sondern verlassen sich auf ihre guten Augen. Sie sind mit 8 bis 30 Millimetern Länge größer als die meisten Wolfspinnen. Die Weibchen errichten große, kuppelförmige Netze, um ihren Nachwuchs zu schützen. Sie führen ihren Eikokon nicht an den Spinnwarzen, sondern mit den Cheliceren mit sich. Zu dieser Familie gehört auch die in Kapitel 9 beschriebene Gerandete Jagdspinne (*Dolomedes fimbriatus*).

Die dritte hier beschriebene Familie, die **Oxyopidae** (**Scharfaugen- oder Luchsspinnen**), sind ebenfalls flinke tagaktive Jäger, die sich ganz besonders auf ihre großen, leistungsfähigen Augen verlassen. Ist die Beute entdeckt, schleichen sich die Tiere katzenähnlich bis auf Sprungdistanz heran – und die kann ziemlich groß sein. Ihre Sprungkraft steht teilweise kaum hinter der der Springspinnen zurück. Man sieht sie auch laufend und springend im Blattwerk oder auf krautigen Pflanzen; gelegentlich kauern sie sich nieder, um die Jagd dann erneut aufzunehmen. Die meisten Arten leben in den Tropen.

Luchsspinnen sind Sonnentiere und zeigen oft ein schönes Tarnkleid. Sie sind meist an ihren stachelbewehrten Beinen zu erkennen, dem schlanken, spitz zulaufenden Hinterleib, der hoch gewölbten Kopfform und der typischen Augenstellung mit einem kleineren Augenpaar unter einem Sechseck aus sechs größeren Augen. In Europa findet man nur drei Arten, in Nordamerika sind es 18.

Früher ordnete man die **Zoridae** (**Wanderspinnen**) mal den Gnaphosidae, mal den Clubionidae, Lycosidae oder Ctenidae zu. Derzeit fasst man sie in einer eigenen Familie zusammen, doch wird die DNA-Analyse vielleicht eines Tages die tatsächlichen Verwandtschaftsverhältnisse enthüllen.

Die regen Tiere sind am Boden und im Gebüsch anzutreffen; sie sind vornehmlich tagaktiv und verfolgen ähnliche Jagdstrategien wie die Sackspinnen (Clubionidae). Wanderspinnen bauen keine Netze, sondern jagen in feuchten Lebensräumen ihre Beute in niedriger Vegetation oder am Boden in welkem Laub, Moos und herabgefallenen Blättern von Hecken und Bäumen. In Mitteleuropa findet man neun Arten, in Nordamerika nur zwei.

➤ *Pisaura mirabilis*, eine Jagdspinne, bewacht ihre Jungen im kuppelförmigen Netz.

Ein Weibchen von *Pardosa amentata* trägt seine Jungen auf dem Rücken.

Pardosa amentata (Dunkle Wolfspinne)

Lycosidae (Wolfspinnen)

Die meisten Wolfspinnenweibchen tragen ihre Eikokons an den Spinnwarzen mit sich herum, wodurch sie am Boden recht auffällig sind. Die Eier sind so der Sonnenwärme ausgesetzt, was ihre Entwicklung beschleunigt. Nach dem Schlupf klettern die Jungspinnen auf den Rücken der Mutter und werden von ihr etwa eine Woche lang herumgetragen. Mit bloßem Auge betrachtet, sieht der Hinterleib der Mutter dann ungleichmäßig geformt aus, doch bei näherem Hinsehen erkennt man die Jungen. Die Männchen sind etwas kleiner als die Weibchen. Bei der Partnerwerbung geben sie wie viele Wolfspinnen Signale mit den Pedipalpen und Vorderbeinen.

Pardosa amentata ist sehr verbreitet und kommt in verschiedensten Lebensräumen vor – das abgebildete Exemplar habe ich in einigen Wildblumen in meinem Garten entdeckt. Sie zählt zu unseren häufigsten Arten und ist in Mitteleuropa vom Frühling bis in den Herbst zu sehen.

Eine Piratenspinne mit Eikokon auf einem Teich.

Pirata piraticus (Piratenspinne)

Lycosidae (Wolfspinnen)

Diese samtig rostbraune Spinne hat weiße Flecken und beiderseits am Körper verlaufende seitliche weiße Streifen. Sie schätzt aquatische Lebensräume und ist bei großer Wärme oft dabei zu beobachten, wie sie auf Teichen und Sümpfen umherläuft und Insekten auf und eben unterhalb der Wasseroberfläche jagt. Das gezeigte Weibchen trägt seinen Eikokon an den Spinnwarzen mit sich und nimmt gerade ein Sonnenbad. Bei Gefahr verschwindet es im Wasser und taucht erst nach einigen Minuten wieder auf.

In Europa und Nordamerika ist die Gattung *Pirata* («Wasserjäger») mit mehreren sehr ähnlichen Arten vertreten.

Arctosa perita mit Eikokon.

Arctosa perita

Lycosidae (Wolfspinnen)

Der Lebensraum Sand verlangt spezielle Anpassungen und eine besondere Tarnung, und diese Spinne verfügt eindeutig über beides. Mit ihrer rosa-schwarzen Zeichnung und den hübsch geringelten Beinen verschmilzt sie geradezu mit ihrem Lebensraum, Sanddünnen und leichtem, sandigem Boden.

Arctosa perita hält sich meist in einer mit Seide ausgekleideten Wohnröhre auf, die sie in den Sand gräbt. Ist das Wetter warm genug, lauert sie am Eingang der Röhre auf vorbeikommende Insekten. Die Arten dieser Gattung besitzen einen recht flachen Carapax; das hintere Augenpaar sitzt auf dessen Oberseite, sodass die Tiere auch nach oben sehen. Wie alle Wolfspinnen kann diese Art auch die kleinste Bewegung mit den Augen wahrnehmen. Bei Gefahr, etwa wenn ein Spaziergänger in einigen Metern Entfernung vorbeigeht, flieht die Spinne eilends in ihre Röhre und taucht erst wieder auf, wenn die Gefahr vorüber ist. Fühlt sie sich besonders bedroht, verschließt sie den Röhreneingang mit einem Vorhang aus Seide und Sand. Um Filmaufnahmen von ihr zu machen, musste ich, flach im Sand liegend, stundenlang bewegungslos verharren. Schon das Krümmen eines Fingers ließ die Spinne in ihre Röhre flüchten.

Arctosa perita hat einen tödlichen Feind, der sie selbst dann aufspürt, wenn sie sich in ihrer verschlossenen Wohnröhre verbirgt. Dieser Feind ist *Pompilus plumbeus*, eine kleine Wegwespe, die ihr Ei auf der Spinne ablegt; diese dient dann der schlüpfenden Larve zur Nahrung. Wenn die Wespe – wahrscheinlich anhand des Geruchs – eine Spinne im Boden entdeckt, legt sie («wie ein aufgeregter Terrier», so W. S. Bristowe) die Röhre grabend frei, um an ihr Opfer zu gelangen. Allerdings hat die Spinne noch einen Trumpf im Ärmel, der ihr in den meisten Fällen die Flucht erlaubt: Ihre Wohnröhre ist Y-förmig, sodass sie durch den zweiten Ausgang ins Freie flüchten kann. Die enttäuschte Wespe wird jedoch fraglos schon Sekunden später die Verfolgung aufnehmen.

◄ *Arctosa perita* vor ihrer Wohnröhre.

Eine Flussuferwolfspinne mit Beute am Eingang ihrer Wohnröhre.

Arctosa cinerea (Flussuferwolfspinne)

Lycosidae (Wolfspinnen)

Diese prachtvolle Spinne ist eine der größten mitteleuropäischen Wolfspinnenarten; dafür fehlt beiden Geschlechtern die manchmal kräftige Färbung der kleineren Arten. Im Bild ein Weibchen. Es verbringt die meiste Zeit in einer mit Seide ausgekleideten Wohnröhre, die es in Sand und Geröll an Fluss- und Seeufern gräbt. Dort lauert die Spinne auf Wirbellose, die in Sichtweite kommen. Für aktivere Jagdzüge verlässt sie hin und wieder ihr Heim.

Die meisten Arten der Gattung *Arctosa* sind grau und braun gesprenkelt und haben geringelte Beine; in ihrem bevorzugten Lebensraum sind sie zwischen Sand und Steinen so bestens getarnt. Die Spinnen lassen sich aufspüren, indem man beispielsweise nachts eine Taschenlampe auf Augenhöhe hält; die Augen der Tiere schimmern im Licht in einer typischen blaugrünen Farbe.

➤ Flussuferwolfspinne beim Sonnenbad.

Weibchen von *Pisaura mirabilis* mit Eikokon.

Pisaura mirabilis

Pisauridae (Jagd- oder Raubspinnen)

Diese große, hübsche Spinne ist auf dem Lande in ganz Mitteleuropa ein vertrauter Anblick; man findet sie in Heide- und Graslandschaften ebenso wie auf Waldlichtungen.

Den augenfälligsten Hinweis auf diese Art kann man im Spätsommer beobachten; dann sieht man im niedrigen Bewuchs an den von ihr bevorzugten Orten verstreut auffällige kuppelförmige Gespinste, sogenannte Einester. Darin hängt das Weibchen den Eikokon unter einem schützenden Seidendach auf und hält Wache, um Eindringlinge abzuwehren.

Die Färbung dieser Jagdspinne reicht von kräftigem Dunkelbraun über Hellbraun bis zu Hellgrau; ein schmaler heller Streifen verläuft mitten über den Carapax, der Hinterleib ist von zwei hellen Wellenlinien gesäumt. In Mitteleuropa gibt es drei Arten dieser Familie, die alle lange, kräftige Beine und gute Augen besitzen. Sie alle jagen aktiv in niedriger Vegetation (*Pisaura*) oder auf der Wasseroberfläche (*Dolomedes*, siehe Kapitel 9).

Wie andere aktive Jäger baut das Weibchen keine Netze, um Beute zu fangen, sondern jagt zwischen niedrigen Pflanzen oder am Boden. Wenn sie ruht oder Beute ausgemacht hat, streckt die Spinne die vorderen beiden Beinpaare oft parallel nach vorne wie ein witternder Jagdhund. Nähert man sich nicht sehr behutsam, schießt das Tier davon und sucht unter einem Blatt oder in Bodennähe Deckung.

Bei der Partnerwerbung übergibt das Männchen seiner Partnerin ein Brautgeschenk in Form eingesponnener Beute, etwa eine saftige Heuschrecke oder ein anderes Insekt; dies dient dazu, sie während der Paarung abzulenken. Es ist allerdings schon vorgekommen, dass er sie mit einer eingesponnenen leeren Hülle getäuscht oder sich nach der Paarung mitsamt dem Brautgeschenk davongemacht hat!

Im Juli schleppen die Weibchen einen großen kugeligen Eikokon unter der Brust mit sich. Sind die Jungspinnen schlupfreif, hängt die Mutter den Kokon in niedrige Vegetation – etwa langes Gras oder Heidekraut – und webt ein schützendes Gespinst um ihn herum. Nach dem Schlupf bleiben die Jungen einige Tage zusammen, bis sie sich häuten und allmählich eigene Wege gehen.

P. mirabilis (Weibchen).

P. mirabilis (Männchen).

Oxyopes heterophthalmus, eine europäische Luchsspinne.

Oxyopes heterophthalmus

Oxyopidae (Scharfaugen- oder Luchsspinnen)

Die meisten der rund 430 Arten dieser Familie leben in den Tropen; einige sind jedoch in Europa und Nordamerika anzutreffen. In Mitteleuropa sind die Scharfaugen- oder Luchsspinnen mit nur drei Arten vertreten; *Oxyopes heterophthalmus* ist in weiten Teilen Europas verbreitet.

Die Tiere jagen tagsüber; sie sind flinke Läufer und springen behende von einem Stängel zum nächsten.

Peucetia viridans, eine nordamerikanische Luchsspinne.

Peucetia viridans

Oxyopidae (Scharfaugen- oder Luchsspinnen)

Diese hübsche, leuchtend grüne Spinne ist in den südlichen USA und Mexiko verbreitet. Die mittelgroße Art ist mit etwa 15 Millimetern Länge größer als ihr europäisches Gegenstück. Exemplare aus den östlichen Südstaaten sind hellgrün, jene aus den westlichen Gebieten oft gelblich oder braun.

Wie die europäische Art *Oxyopes heterophthalmus* jagt *Peucetia viridans* tagsüber aktiv. Gelegentlich lauert sie auch in Blüten oder an Stängeln auf Insekten, wobei sie manchmal wie eine Gottesanbeterin mit erhobenen Vorderbeinen auf den Hinterbeinen steht.

Das Weibchen spinnt einen großen Eikokon und spannt zwischen den umstehenden Pflanzen Seidenfäden zu einer Art Einest. Dort hält es Wache und speit Eindringlingen, die die Jungen oder es selbst bedrohen, bis zu zwanzig Zentimeter weit sein Gift entgegen.

Die Nahaufnahme zeigt die typische Anordnung der Augen bei Wanderspinnen.

Zora spp.

Zoridae (Wanderspinnen)

Wanderspinnen haben einen ansprechenden Körperbau, auch wenn sich ihre ganze Schönheit erst unter dem Vergrößerungsglas ermessen lässt – dann nämlich erkennt man die zarte dunkelbraune Streifung auf blassgelbem Untergrund.

Besonders typisch für diese Familie sind der schmal zulaufende Carapax und die großen dunklen, in zwei Halbrunden angeordneten Augen; die hintere Augenreihe ist so gerundet, dass man fast drei Augenreihen zu erkennen glaubt. Die Arten lassen sich ohne Mikroskop kaum unterscheiden. Kennzeichnend für Wanderspinnen ist auch ihre Fähigkeit, sehr schnell zu laufen und bei Bedarf zu springen – das können auch andere Spinnen, aber vielleicht nicht mit derselben Eleganz.

Diese Spinnen leben meist im Laub und Humus am Boden; das abgebildete Exemplar fand ich allerdings auf einem Strauch im Garten.

4

Springspinnen

Eigentlich müsste man die Springspinnen den «Jägern bei Tageslicht» zuordnen, doch wegen ihrer besonderen Eigenschaften widme ich ihnen ein eigenes Kapitel.

Die **Salticidae** (**Springspinnen**) sind eine besonders faszinierende und hoch entwickelte Familie, für die sich selbst hartgesottene Arachnophobiker erwärmen können. Die Tiere haben so außergewöhnliche körperliche Fähigkeiten und Verhaltensweisen entwickelt, dass es diese Spinnenfamilie mit bislang über 5000 beschriebenen Arten zur größten der Welt brachte. Springspinnen sind nicht nur echte Athleten, einige der tropischen Arten zählen auch zu den farbenfrohesten und am bizarrsten geformten Spinnen überhaupt. In einem altweltlichen Urwald ein Exemplar der Gattung *Chrysilla* im Sonnenlicht rot und blau metallisch funkeln zu sehen, ist ein unvergessliches Erlebnis.

Als ausgesprochene Sonnentiere sieht man Springspinnen oft an warmen Sommertagen umherlaufen und -springen. Unverkennbar ist die Anordnung der beiden eulenartig großen vorderen Mittelaugen, die aus der eckigen Stirn hervorstehen, sowie der übrigen sechs kleineren Augen. Wie beim Menschen steht bei ihnen der Gesichtssinn an erster Stelle. Es ist geradezu possierlich, wie die Spinnen uns beobachten, ja manchmal jede Bewegung verfolgen und dabei den Kopf schräg legen, heben oder senken. Auch ihre Partnerwerbung ist mit winkenden Bewegungen der oft farbenprächtigen Beine und Pedipalpen visuell orientiert.

Springspinnen sind Jäger und bewegen sich hüpfend fort, während sie über größere Entfernung nach Beute Ausschau halten. Ist diese entdeckt, nähern sie sich verstohlen, bis sie ihr Opfer von hinten anspringen können. Spinnen anderer Familien sind ebenfalls imstande, über kurze Distanzen zu springen, doch nur die Salticiden führen zielgenaue, optisch orientierte Sprünge auf Beute oder andere Objekte aus. Im flachen Winkel sollen sie dabei zehnmal treffsicherer sein als Großlibellen. Tatsächlich ist es eher dies hervorragende Sehvermögen als ihre Sprungkraft, was diese Spinnen zu etwas Besonderem macht. Die entsprechende optische und neurologische «Ausrüstung» steckt im großen gewölbten Cephalothorax.

◄ *Marpissa muscosa* (Rindenspringspinne) im Sprung. Man beachte den Sicherheitsfaden.

Eine nicht identifizierte Springspinne mit den typischen großen vorderen Mittelaugen und hellen Pedipalpen, die als Signalgeber dienen.

Die Augen der Salticiden stehen unter den Arthropoden einzig da. Mit ihnen ist nicht nur komplett stereoskopes Farbsehen bei hoher Auflösung möglich, sondern durch Bewegung von Komponenten im Inneren des Auges - auch der Netzhaut! - außerdem das Anpassen von Blickwinkel und Brennpunkt. Wer einer Springspinne tief in die Augen blickt, sieht mit etwas Glück das geheimnisvolle Flackern oder Farbenspiel, wenn das Tier die Netzhaut bewegt. Die Augen sind wie Ferngläser konstruiert, an den Enden einer langen Röhre sitzt je eine Linse mit langer beziehungsweise kurzer Brennweite; an der Rückwand des Cephalothorax befindet sich die mehrschichtige Netzhaut. So kann die Spinne bewegliche Beute ausmachen, verfolgen und anspringen. Springspinnen können rein optisch zwischen Beute und Raubfeinden, Partnern und Konkurrenten unterscheiden. Jüngere Forschungen legen sogar nahe, dass ihr Gehirn höher entwickelt ist als das anderer Spinnen. So besitzen sie neben anderen «intelligenten» Eigenschaften die fast unheimliche Fähigkeit, wie Löwen die ideale Position für das Anspringen der Beute zu finden.

Manche Springspinnen überspringen das Zwanzigfache ihrer eigenen Körperlänge. Solch rekordverdächtige Sätze gehen nicht direkt auf Muskelkraft, sondern auf hydraulische Kräfte zurück. Die inneren Organe und Beine sind von einer blutähnlichen Flüssigkeit durchspült; kontrahiert sich ein großer Muskel im Cephalothorax, werden die Beine durch hydraulischen Druck schlagartig gestreckt. Kaum vorstellbar, dass daraus ein zielgenauer Sprung resultiert, doch genau das dokumentieren Zeitlupenaufnahmen.

Für Mitteleuropa sind hundert Springspinnenarten bekannt, für Nordamerika über 300.

Eine Zebraspringspinne kurz vor der Landung. Man beachte die Sicherheitsfäden, auch den noch sichtbaren Faden vom vorangegangenen Sprung (rechtes Bild).

Salticus scenicus (Zebraspringspinne)

Diese charmante, schwarz-weiße kleine Spinne ist eine der bekanntesten unter den größeren Salticiden und in Mitteleuropa weit verbreitet. Wo immer es warm und sonnig genug ist, trifft man sie an, besonders an Haus- und Gartenmauern, Zäunen, Pflanzenkübeln und Fensterbänken. Seltener lebt sie auch abseits menschlicher Siedlungen auf sonnenbeschienenen Felsen und Baumstämmen, wo sie in typischer Manier hüpfend umherläuft.

Lässt die Sonnenwärme nach, zieht sich die Spinne in eine geeignete Spalte zurück. Auf den von ihr bevorzugten Oberflächen hinterlässt sie oft ein sichtbares Gewirr aus Seidenfäden – wie so viele Spinnen zieht sie unterwegs ständig einen Weg- oder Sicherheitsfaden hinter sich.

Wie bei allen Springspinnen ist das Sehvermögen der Zebraspringspinne hervorragend. Die kleineren Augen haben zwar keine so gute Auflösung, doch sorgen sie für ein 360-Grad-Sehfeld, in dem jede Bewegung registriert wird. Ist dies der Fall, wendet sich die Spinne, um die potenzielle Beute mit den großen vorderen Mittelaugen ins Visier zu nehmen. Ihr Blick heftet sich auch auf ein so kleines Beutetier wie eine Blattlaus, die man ihr mit einer kleinen Zange in einigen Zentimetern Abstand präsentiert.

Die Bildsequenz des springenden Weibchens zeigt den hydraulisch angetriebenen Sprung im Detail; sichtbar ist auch der verankerte Sicherheitsfaden. Das Bild auf Seite 69 lässt die Beugestellung der Hinterbeine erkennen, die die Energie für einen Sprung aus dem Stand liefern. Adulte Männchen besitzen große, unübersehbare Cheliceren, die für die Partnerwerbung und bei unblutigen Kämpfen zwischen Rivalen eingesetzt werden.

In Europa gibt es mehrere der Zebraspringspinne ähnliche Arten.

Marpissa muscosa (Rindenspringspinne)

Diese Art zählt zu den größeren Springspinnen in unseren Breiten; adulte Weibchen werden bis zu zehn Millimeter lang. Sie lebt an sonnenbeschienenen Mauern und Baumstämmen; gern verbergen sich die Tiere unter loser Rinde in ihren weißen Wohngespinsten. Auch vom Menschen geschaffene Holzkonstruktionen wie Zäune sind willkommen, besonders wenn sie unter loser Rinde oder in Spalten Verstecke und Schutz für die Eikokons bieten.

Dank ihrer exzellenten Tarnung ist *Marpissa muscosa* auf Rinde sitzend kaum zu entdecken. Um sie zu finden, inspiziert man am besten die Südseite eines Gartentores oder Zaunes, wo sie vielleicht gerade ein Sonnenbad nimmt. Allerdings sollte man sich sehr langsam nähern, denn die empfindlichen Augen nehmen jede Bewegung wahr, und die Spinne ist schnell in einem Versteck verschwunden.

Die gezeigte Bildsequenz dokumentiert den Sprung der Spinne; deutlich sichtbar ist auch der Sicherheitsfaden, der bei einem missglückten Sprung als Fangleine dient.

➤ *Marpissa muscosa* im Sprung (von oben nach unten).

▼ Nahaufnahme der Augen von *Marpissa muscosa*. Als Bewohnerin von Spalten und loser Rinde hat sie einen abgeflachten Cephalothorax.

Die lang gestreckte *Marpissa nivoyi* lebt im Gras.

Marpissa nivoyi

Diese Art hat einen lang gestreckten, fast ameisenähnlichen Körperbau; ihre Vorderbeine sind auffallend kräftig und verdickt.

Die Spinne ist in Deutschland sehr selten und noch am ehesten im Strandhafer auf Küstendünen anzutreffen, selten in feuchteren Gebieten im Inland. Wenn sie nicht ausgestreckt auf einem Strandhaferhalm sitzt, verbirgt sie sich in einem Wohngespinst im Inneren des hohlen Stängels.

Diese Art hat die spinnenuntypische Angewohnheit, gelegentlich rückwärts zu laufen wie ein Afterskorpion, ein anderes Spinnentier, das man in ähnlichen Lebensräumen antrifft.

Die sonnenliebende *Heliophanus cupreus* kurz vor dem Absprung.

Heliophanus cupreus

Die meisten Arten der Gattung *Heliophanus* lassen sich leicht identifizieren, da ihre Weibchen eine typische Farbkombination zeigen: Der Körper ist schwarz, die Beine hell gelblich grün. Die Männchen fallen weniger ins Auge, ihre Beine sind dunkler, der Körper irisiert leicht – der Artname *cupreus* spielt auf diesen im Sonnenlicht kupferfarbenen Schimmer an. Bei beiden Geschlechtern verläuft ein schmaler weißer Querstreifen über die Vorderseite des Abdomens, der Rücken trägt beidseits weiße Tupfen.

Wie der Gattungsname *Heliophanus* (griechisch für «sich in der Sonne zeigend») schon andeutet, schätzt diese Art – wie die meisten Springspinnen – die Sonne. Man findet sie in niedriger Vegetation, in deren oberer Schicht sie besonders im prallen Sonnenschein aktiv ist.

Von den anderen *Heliophanus*-Arten unterscheidet sie sich durch die schwarzen Streifen auf beiden Seiten von Femur und Tibia an allen vier Beinpaaren. *Heliophanus cupreus* ist überall in Europa recht häufig.

Ein Männchen von *Evarcha arcuata*.

Evarcha arcuata

Diese entzückende kleine Springspinne zeigt wie alle Angehörigen ihrer Gattung einen ausgesprochenen Geschlechtsdimorphismus, wie auf den Fotos zu erkennen. Das Männchen ist dunkelbraun oder schwarz, das Weibchen gelbbraun mit schrägen Streifen und dichter weißer Behaarung.

Die Partnerwerbung ist bei Spinnen ein kompliziertes Ritual, und besonders gilt dies für die Springspinnen. Die *Evarcha*-Arten zeigen sich dabei besonders aktiv und winken energisch mit den Pedipalpen und Vorderbeinen. Nach der Paarung legen die Weibchen ihre Eier in aufgerollten Blättern oder, wie im Fall von *E. arcuata*, in mit Seidenfäden zusammengebundenen Heidezweigen ab und bewachen sie, bis die Jungen schlüpfen. Die Tiere werden im Hochsommer reif; man findet sie zu dieser Zeit am besten in Heidelandschaften, dann oft in großer Zahl.

Die Art ist in ganz Europa anzutreffen.

◂ Weibchen mit erbeutetem Ohrwurm.

◂ ▴ *Phlegra fasciata* beim Ansprung auf eine Stechmücke.

Phlegra fasciata
(Gebänderte Bodenspringspinne)

Als Bewohner von Kies- und Sandböden der Küsten und der Krautschicht rund um Ameisenhügel ist diese elegante kleine Springspinne mit ihrer hellbraun-dunkelbraunen Streifung meist nur zu entdecken, wenn sie sich bewegt. Der Hinterleib des weit unauffälliger gezeichneten Männchens schimmert leicht.

Die Bildfolge zeigt ein juveniles Weibchen im Sprung auf eine Stechmücke (die übrigens entkommen konnte). Offensichtlich zögert die Spinne nicht, auch Beute anzugreifen, die größer ist als sie selbst – auch wenn die Stechmücke für sie keine Bedrohung darstellt.

Phlegra kommt in Europa nur vereinzelt vor, im nördlichen Mitteleuropa eher selten.

«Gesicht» eines Männchens von *Lyssomanes viridis.*

Lyssomanes viridis

Mit ihrem bizarren Äußeren und ihrer leuchtend transparentgrünen Färbung sieht diese Art aus den Südstaaten der USA kaum wie eine Springspinne aus, sondern erinnert vielmehr an eine Scharfaugenspinne. Beide Geschlechter haben lange Beine und Pedipalpen und sind äußerst agil – selbst für Springspinnenverhältnisse. Das markante Gesicht der Männchen ist von den riesigen vorderen Mittelaugen dominiert. Diese scheinen in ihren Höhlen zu rotieren, doch ist es nur die von sechs Muskelpaaren kontrollierte Netzhaut, die sich hinter der glasklaren Linse bewegt. Zu ihrem undurchdringlichen Blick kommt noch die Fähigkeit, die Augen chamäleonhaft unabhängig voneinander zu bewegen.

Lyssomanes viridis ist in allen Waldhabitaten anzutreffen, besonders in immergrünen Laubbaumbeständen, etwa von Eichen und Magnolien.

Mehrere Springspinnen ahmen Ameisen nach, so auch diese Art.

Myrmarachne formicaria (Ameisenspringspinne)

Das Besondere an «Ameisenspinnen», besonders jenen der Springspinnengattung *Myrmarachne*, ist weniger ihr ameisenähnliches Aussehen als vielmehr ihre Fähigkeit, sich auch wie diese zu bewegen. Sie haben lange, dünne Beine und scheinbar den dreigeteilten Körper (Kopf, Thorax, Abdomen) eines Insekts; zudem heben sie ihre Vorderbeine oft an und bewegen sie wie Fühler, um die Täuschung vollkommen zu machen. Der Kopf der Ameisenspringspinne schimmert metallisch, und besonders bei Männchen sind die Cheliceren stark vergrößert und nach vorn gerichtet. So sehen die Tiere aus wie Soldaten einer tropischen Ameisenart. Kaum vorstellbar, dass es sich um eine Spinne handelt!

Manche Wissenschaftler glauben, die Spinnen imitierten Ameisen, um diese erbeuten zu können. Wahrscheinlicher ist aber die Erklärung, dass ihnen die ameisenähnliche Erscheinung und Bewegung Schutz bietet. Vögel, Spinnen jagende Wespen und andere Raubfeinde meiden Ameisen meist, weil diese bei einem Angriff oft beißen, stechen oder Säure verspritzen.

Nur diese eine Art dieser ansonsten tropischen Gattung ist in Mitteleuropa zu finden, wo sie an sonnigen Plätzen in der Krautschicht oder zwischen Steinen lebt.

Schon die kleinste Bewegung erregt die Aufmerksamkeit der Spinne.

Plexippus paykulli

Für viele Bewohner wärmerer Regionen der Erde ist diese ansprechende und agile Spinne wohl ein vertrauter Anblick. Sie ist inzwischen nicht nur in den meisten warmen Regionen der Welt zu Hause, sondern lebt auch bevorzugt an Häusern und anderen Bauwerken, wo sie leicht zu entdecken ist. Sie ist nicht nur auffällig, sondern für eine Springspinne recht groß – Weibchen werden 10 bis 12 Millimeter lang. Typisch sind die über den ganzen Körper verlaufenden weißen Längsstreifen.

Die Art wurde in Nordamerika eingeschleppt; dort lebt sie nur in den wärmeren Südstaaten. Im nördlichen Mitteleuropa fehlt sie, doch im Mittelmeerraum fühlt sie sich wohl. Die Tiere zeigen ein ausgesprochenes Revierverhalten und verteidigen «ihre» Mauer oder gar «Zapfsäulen» gegen andere Springspinnen.

◄ *Plexippus paykulli* im Sprung. Springspinnen können aus allen möglichen Positionen abspringen – dieses Exemplar hat sich vor der Landung um 180 Grad gedreht.

5

Lauernde und regungslose Jäger

Bei den aktiven und den lauernden Jägern unter den Spinnen wird klar, dass die Übergänge zwischen den in diesem Buch gewählten Kategorien teilweise fließend sind. Etliche der aktiven Jäger lauern oft im Verborgenen auf Beute und gehen erst im letzten Augenblick zum Angriff über. Ebenso lassen sich die eher lauernden, regungslosen Jäger in zwei Gruppen einteilen. Eine Gruppe sitzt in oder neben ihrem Netz, lauert in unmittelbarer Nähe im Laub oder in Gespinströhren. Das Netz dient zunächst einmal dazu, die Beute einzufangen oder zu entdecken. Die andere Gruppe verzichtet ganz auf Netze. Ihre Vertreter verschmelzen vielmehr mit der Umgebung und verharren regungslos, bis ihnen eine ahnungslose Beute sozusagen in die Hände fällt.

Die Krabbenspinnen (Familie Thomisidae) sind Meister dieser Methode. Anstelle von Fangnetzen setzen sie auf Täuschung und Tarnung; sie fügen sich aufs Schönste zwischen Blütenblättern und Staubgefäßen von Blüten ein und lauern dort ihren Opfern auf. Einige Krabbenspinnen können sogar im Verlauf mehrerer Tage ihre Farbe verändern, um sich dem Gelb, Rosa, Weiß oder Grün von Blüte oder Blatt anzupassen. Andere Arten, besonders solche der Tropen, imitieren Baumrinde oder gar Vogelkot.

Eine andere hier beschriebene Gruppe sind die Laufspinnen (Familie Philodromidae). Sie stehen den Krabbenspinnen sehr nahe und werden von einigen Experten auch diesen zugeordnet. Auch die Laufspinnen sind Meister der Tarnung, verharren regungslos und verhalten sich wie Krabbenspinnen, wenn sie sich ahnungslos nähernde Beute packen. Doch sie sind weitaus aktiver, wie auch schon der Name verrät, und erreichen bei der Verfolgung von Beute oder Flucht vor Feinden beachtliche Geschwindigkeiten. Ein typischer Vertreter ist die kleine Art *Philodromus dispar* (siehe Seiten 88, 89), die sowohl die aktive Jagd beherrscht als auch das Auflauern.

In wärmeren Regionen der Erde, auch in Teilen Nordamerikas, findet man die eindrucksvollen Riesenkrabbenspinnen (Familie Sparassidae). In Europa sind sie nur mit einer einzigen Art vertreten, der im Vergleich zu den nordamerikanischen Verwandten eher kleinen Grünen Huschspinne (*Micrommata virescens*).

◄ Weibchen und Männchen der Krabbenspinne *Thomisus onustus* vor der Paarung.

Weibchen von *Misumena vatia.*

Spinnenfamilien dieser Gruppe

Die **Thomisidae** (**Krabbenspinnen**) besitzen kurze, gedrungene Körper; die hinteren beiden Beinpaare sind auffallend klein. Mit den längeren, kräftigeren vorderen Beinen packen die Tiere Insekten, die ihnen zu nahe kommen. Neben den massigen Weibchen wirken die Männchen geradezu zwergenhaft und schlank. Krabbenspinnen sind eher lethargisch, können sich aber im Gegensatz zu anderen Spinnen wie Krabben in jede Richtung bewegen und bringen sich bei Gefahr oft seit- oder rückwärtslaufend in Sicherheit.

Krabbenspinnen haben die verschiedensten Formen und Farben, die meisten gleichen mit fast rundem Cephalothorax und massigem, untersetztem Abdomen jedoch Krabben. Die beiden einwärts gekrümmten vorderen Beinpaare sind deutlich länger als die beiden hinteren. Die Tiere bauen keinerlei Fangnetze, sondern liegen lieber in einer Blüte oder auf einem Blatt bewegungslos auf der Lauer, bis ein Beutetier daherkommt, das sie dann mit den weit ausgebreiteten Vorderbeinen ergreifen. Die Spinnen haben zwar nur kleine Cheliceren, doch scheint ihr Gift hochwirksam zu sein, denn sie überwältigen mühelos selbst große Insekten wie Tagfalter und Hummeln.

Die Familie umfasst weltweit über 2000 Arten, von denen 63 in Mitteleuropa leben.

Anders als die tatsächlich krabbenähnlichen Krabbenspinnen besitzen die **Philodromidae** (**Laufspinnen**) meist ein eher länglich ovales Abdomen. Ihre Beine sind länger und dünner, zudem sind die Hinterbeine fast ebenso lang wie die Vorderbeine, und die Tiere sind weitaus agiler. Damit sie in Pflanzen sicheren Halt finden und rasch ihre Position verändern können, tragen die lebhaften Tiere zudem Hafthaare (Scopulae) an den Fußgliedern der Beine. Die Familie ist in Mitteleuropa mit rund dreißig Arten vertreten.

Die **Sparassidae** (**Riesenkrabbenspinnen**) werden manchmal auch «Bananenspinnen» genannt, weil sie des Öfteren mit Bananen und ähnlichen Gütern in andere Länder eingeschleppt werden. Die großen bis sehr großen, umherstreifenden Spinnen leben vor allem in den Tropen und fangen Beute aus dem Hinterhalt. Viele Arten sind krabbenähnlich abgeflacht, sodass sie in enge Spalten kriechen können. Einige Arten leben in Wohnhäusern und sind dort gern gesehen, da sie Schädlinge wie Küchenschaben erbeuten. In Mitteleuropa gibt es nur eine Art.

Eine Veränderliche Krabbenspinne lauert auf Opfer.

Misumena vatia (Veränderliche Krabbenspinne)

Thomisidae (Krabbenspinnen)

Eine der häufigsten Vertreterinnen der Krabbenspinnen und in ganz Europa zu Hause ist die Veränderliche Krabbenspinne. Tatsächlich variiert ihre Farbe je nach der Blüte, auf der sie sich niederlässt, zwischen Weiß und Gelb, gelegentlich zeigt sie zudem hellrote Streifen oder Flecken. Zieht sie in eine andere Blüte um, kann *Misumena vatia* ihre Farbe der neuen Umgebung anpassen. Am häufigsten findet man sie auf weißen oder gelben Blüten; besonders gern lauert sie in Margeriten auf Insekten, die nach Nektar oder Pollen suchen.

Nähert sich ein Insekt, breitet die Spinne ihre beiden Vorderbeinpaare aus und begibt sich unauffällig auf eine Höhe mit der ankommenden Beute, um diese dann plötzlich zu packen und sofort zuzubeißen. Tritt die Giftwirkung aus bestimmten Gründen verspätet ein, kann es vorkommen, dass die Spinne rittlings auf einem großen Beutetier wie einem Tagfalter oder einer Hummel ein Stück mitfliegt – diese Flüge enden allerdings schnell, Spinne und Opfer fallen zu Boden, sobald das Gift wirkt.

Um eine Veränderliche Krabbenspinne zu finden, hält man am besten nach Tagfaltern oder Bienen Ausschau, die unbeweglich auf einer Blüte sitzen – gut möglich, dass das unglückliche Tier von der Spinne dort festgehalten wird.

Die Bilder dokumentieren Formen von *Xysticus cristatus* in verschiedenen Lebensräumen.

Xysticus cristatus
(Braune Krabbenspinne)

Thomisidae (Krabbenspinnen)

Viele Krabbenspinnen sind wahre Verwandlungskünstler, und besonders gilt dies für *Xysticus cristatus*, wie die beiden Fotografien zeigen. Die Art lebt in der Krautschicht oder am Boden verschiedenster Lebensräume, von Heidelandschaften bis hin zu Hecken.

Das auffällig gezeichnete Exemplar links entdeckte ich auf einer Sanddüne in Sussex, das Tier rechts dagegen im niedrigen Bewuchs eines locker bewaldeten Gebiets. Diese häufigste und verbreitetste Art der Gattung ist in ganz Mitteleuropa anzutreffen.

Xysticus ulmi erklimmt mit vorgestreckten Vorderbeinen eine Pflanze.

Xysticus ulmi (Sumpfkrabbenspinne)

Thomisidae (Krabbenspinnen)

Die Art ähnelt *Xysticus cristatus*, ist aber in der Wahl ihres Lebensraumes festgelegter als diese. *Xysticus ulmi* bevorzugt niedrige Vegetation an feuchten Standorten. Auch sie ist in ganz Mitteleuropa zu finden.

Besonders ungewöhnlich ist das Werbe- und Paarungsverhalten dieser Spinnen – dieses ist so bizarr, dass die ersten Berichte darüber Mitte des 20. Jahrhunderts vielfach auf Zweifel stießen. Das kleinere und langbeinigere Männchen umwirbt seine Partnerin zunächst, bis sie sich gefügig zeigt. Dazu streicht es sacht mit seinen Beinen über ihren Körper. Ist sie so betört, «fesselt» das Männchen Kopf und Beine der Partnerin mit Seidenfäden an den Untergrund. Nun kann es ihren Hinterleib anheben, darunterkriechen und sich mit ihr paaren, was bis zu neunzig Minuten beansprucht. Nach vollzogener Paarung wirft das Weibchen seine Fesseln ab, die es daran hindern sollten, ihren Partner in der gefährlichen Phase kurz nach der Paarung zu ergreifen.

Krabbenspinnen (im Bild *Ozyptila* spp.) überwältigen oft Beute, die größer ist als sie selbst.

Ozyptila spp.

Thomisidae (Krabbenspinnen)

Auch die Arten der Gattung *Ozyptila* sind häufige Vertreter der Krabbenspinner. Sie ähneln den *Xysticus*-Arten, doch weist ihr Hinterleib eine rundum verlaufende Marmorierung auf; wie *Xysticus* zeigen auch die *Ozyptila*-Arten zahlreiche Farb- und Mustervarianten. Die besonders gedrungenen, krötenhaft anmutenden Vertreter dieser Gattung sind mit mehreren Arten in Europa heimisch.

Tagsüber halten sich die Tiere am Boden auf, manchmal tief zwischen Stängeln und Wurzeln verborgen. Durch ihre bräunliche Tarnfärbung und langsamen Bewegungen sind sie leicht zu übersehen. Wie viele andere Spinnen stellen sie sich bei Gefahr tot, indem sie die Beine anziehen und minutenlang regungslos verharren. Nachts erklimmen sie die Vegetation, wo man sie im Licht der Taschenlampe entdecken kann. Berichten zufolge machen sie tagsüber wie auch nachts Beute.

Die Grüne Krabbenspinne lebt im Blattwerk von Bäumen und Sträuchern.

Diaea dorsata **(Grüne Krabbenspinne)**

Thomisidae (Krabbenspinnen)

Mit leuchtend grünen Beinen und Cephalothorax sowie dem hellgelb umrandeten, oberseits braunen Abdomen ist diese Spinne unverwechselbar. Wie viele Krabbenspinnen ist sie bestens getarnt und kaum zu entdecken, wenn sie im Laub von Sträuchern und Bäumen – besonders jungen Eichen – auf Beute lauert. Die Individuen können in Farbe und Musterung je nach Untergrund sehr variieren. Die Stacheln an den Beinen dienen zum Festhalten der Insekten und sind für Krabbenspinnen typisch.

Diese Art ist in ganz Europa verbreitet, häufiger jedoch in südlichen Regionen anzutreffen.

Ein seltenes Bild: sich paarende Krabbenspinnen. Man beachte den Größenunterschied zwischen den Geschlechtern.

Thomisus onustus

Thomisidae (Krabbenspinnen)

Diese Art ist wohl die prachtvollste unter den Krabbenspinnen Mitteleuropas. Nicht nur ihr ansprechendes Äußeres, auch ihre Seltenheit macht sie zu etwas Besonderem – *Thomisus onustus* ist zwar in Europa verbreitet, aber in unseren Breiten auf Trockenrasen und Heidelandschaften eher warmer Gebiete beschränkt.

Mit seinem kantigen rosa Hinterleib, den zwei kegelförmige Verdickungen schmücken, und dem «gehörnten» Kopf ist das Weibchen dieser Art unverwechselbar. Das Männchen ist viel dunkler und – bei Krabbenspinnen fast die Regel – deutlich kleiner, wie die Bilder von der Paarung zeigen. Wie *Misumena vatia* kann auch diese Art ihre Farbe der Blüte anpassen, auf der sie sich niedergelassen hat.

Thomisus onustus lauert auf blühendem Heidekraut auf Beute. Nähert sich ein Insekt, nimmt die Spinne fast unmerklich eine günstige Position ein und packt blitzartig zu, sobald das Insekt Nektar zu saugen beginnt. Diese Art erbeutet oft Insekten, die deutlich größer sind als sie selbst, etwa Bienen oder gar Hummeln.

Männchen von *Philodromus dispar.*

Philodromus dispar

Philodromidae (Laufspinnen)

Das Männchen von *Philodromus dispar* ist mit seinem dunkelbraunen, manchmal fast schwarzen Körper, dem umlaufenden beigefarbenen Saum und den hellgrauen Beinen ein besonders hübscher Kerl. Das Weibchen sieht aus, als gehöre es zu einer anderen Art; es ist größer und ganz und gar bräunlich. Seine Schönheit zeigt sich erst unter dem Vergrößerungsglas. Der Artname *dispar* (lateinisch für «ungleich») spielt auf diesen Geschlechtsdimorphismus an.

Diese Laufspinne ist in ganz Europa verbreitet. Man findet sie häufig in Sträuchern und niedriger Vegetation, wo sie entweder auf der Lauer liegt oder mit hoher Geschwindigkeit ihrer Beute nachstellt. Wie viele Spinnen stellt sie sich bei ernster Bedrohung tot, indem sie sich mit angezogenen Beinen auf den Rücken fallen lässt (unten). Die Tiere gelangen oft in Häuser, wo sie sich recht wohlzufühlen scheinen.

◂ Weibchen von *Philodromus dispar.*

▸ Eine Laufspinne stellt sich tot.

Männchen und Weibchen von *Philodromus fallax.*

Philodromus fallax

Philodromidae (Laufspinnen)

Die meisten Laufspinnen klettern in Sträuchern und Bäumen umher, doch *Philodromus fallax* bildet eine Ausnahme. Dieser Vertreter der Gattung *Philodromus* läuft auf Sanddünen hin und her oder liegt im Strandhafer auf der Lauer. Sein gelbgrau gesprenkelter Körper ist dabei hervorragend getarnt; das Farbenspiel variiert entsprechend den Farben und Schattierungen seines sandigen Lebensraums.

Die Art kommt in Europa an den Küsten und vereinzelt an sandigen Flussufern vor; zwar ist sie in ganz Europa zu finden, aber in den südlichen Regionen häufiger anzutreffen.

Deutlich erkennbar ist die Tarnhaltung und -färbung von *Tibellus oblongus.*

Tibellus oblongus

Philodromidae (Laufspinnen)

Diese langgliedrige, flinke Spinne verfolgt eine ganz eigene Jagdstrategie. Sie lebt im langen Gras von Feuchtwiesen, Sanddünen und Heidelandschaften, wo sie kopfüber auf einem Halm oder Stängel sitzend auf Beute lauert, die ahnungslos des Weges kommt. Mit ihrem strohfarbenen Körper und den ausgestreckten Beinen verschmilzt *Tibellus oblongus* vollkommen mit dem Braun und Grün des umgebenden Grases.

Ist ein geeignetes Opfer in Reichweite, wirft sich die Spinne mit erstaunlicher Geschwindigkeit darauf und nimmt – in dem seltenen Fall, dass das erste Zupacken missglückte – die Verfolgung auf. Sie erbeutet sogar andere Spinnen, wenn sich Gelegenheit bietet, und stellt ihnen im Gewirr der Halme so schnell nach, dass man mit den Augen kaum folgen kann.

Die Art ist vor allem im Frühsommer zu beobachten, dann oft in großer Zahl. Sie ist in ganz Mitteleuropa verbreitet.

Weibchen von *Micrommata virescens* mit Beute.

Micrommata virescens
(Grüne Huschspinne)
Sparassidae (Riesenkrabbenspinnen)

Die prachtvolle Grüne Huschspinne zählt zu meinen Lieblingen; erst vor ein oder zwei Jahren bekam ich sie erstmals zu Gesicht. Wie viele Spinnen zeigt auch diese Art einen deutlichen Geschlechtsdimorphismus – Männchen und Weibchen sehen sehr unterschiedlich, in diesem Fall aber gleichermaßen ansprechend aus. Das Weibchen ist ganz und gar grün mit gelb umrandetem Herzfleck, das kleinere Männchen hat einen gelblichen Hinterleib mit breiten roten Streifen. Juvenile Exemplare beider Geschlechter sind blassgrün; allerdings sind die Tiere in jedem Alter in ihrem Lebensraum Gras nur schwer zu entdecken.

Doch die Art zeichnet sich noch durch andere Eigenschaften aus. Wie *Tibellus oblongus* bewegt sie sich rasend schnell und kann Grasbüschel in Sekundenbruchteilen hinauf- und hinunterlaufen. Obwohl sie also ihre Beute laufend erjagen könnte, lauert sie ihren Opfern eher auf. Getarnt verharrt sie im Gras und wartet ab, bis sie sich auf eine glücklose Heuschrecke oder ein anderes Insekt in Reichweite stürzen kann.

Am ehesten stößt man wohl im Juli auf die Grüne Huschspinne, wenn man im Gras wachsende Eichenkeimlinge untersucht. Bei diesen heftet das Weibchen mehrere Blätter zusammen und kleidet die entstehende Kammer als Schutz für ihre Eier aus.

Die Art ist in weiten Teilen Europas anzutreffen, bevorzugt auf feuchten Waldlichtungen, häufig auch in Heidelandschaften. Sie ist der einzige Vertreter der Riesenkrabbenspinnen in Mitteleuropa.

➤ Ein Männchen sitzt getarnt im Gras.

6

Fallensteller: Geometrische Netze

Wenn es um Spinnen geht, denkt wohl jeder zuerst an Radnetze. Sie sind *das* Symbol für Spinnen und stehen für deren höchste Kunstfertigkeit. Das Radnetz soll eine möglichst große Fangfläche bei möglichst geringem Verbrauch an Spinnenseide gewährleisten, und – besonders erstaunlich – die Spinne braucht weniger als eine Stunde für seinen Bau. Nur etwa zehn Prozent aller Spinnen fangen ihre Beute in Radnetzen oder, wie einige Arten, in Sektorennetzen, die kein vollständiges Rad bilden. Jedes Netz hat seine Besonderheiten; so variieren Größe, Ausrichtung, Zahl und Anordnung der Speichen- und Spiralfäden und die sonstige Ausstattung, etwa die Form von Stabilimenten, wenn vorhanden (siehe folgende Seiten). Diese Unterschiede helfen bei der Identifizierung der Spinne.

Die ausgefeilte Netzkonstruktion ist natürlich nicht erlernt, sondern genetisch programmiert – schon gerade geschlüpfte Jungspinnen weben vollendete Radnetze, und eine Spinne webt ihr ganzes Leben lang im Grunde identische Netze. Veränderungen erfolgen nur in Anpassung an die Größe der Spinne und die Position der Befestigungspunkte. Die meisten Netze werden senkrecht aufgehängt, einige aber auch im Winkel von 45 Grad oder an strategischer Stelle waagerecht gespannt, je nachdem, was für Beute sich darin verfangen soll.

Radnetze sieht man oft erst, wenn sich Feuchtigkeit an den feinen Fäden niederschlägt oder die tief stehende Sonne sie anstrahlt. Ein taufeuchter früher Herbstmorgen ist wohl am besten geeignet, um ihre vollendeten Formen zu bewundern. In solchen Momenten raubt einem die Masse und Formenvielfalt von Spinnweben, die Wiesen und Hecken praktisch vollständig überziehen, schier den Atem – und vermittelt einen Eindruck von der enormen Zahl von Spinnen, die die Erde bevölkern. Ein guter Grund, um an einem solchen Tag einmal früh aufzustehen!

Als die Insekten vor etwa 350 Millionen Jahren zu fliegen begannen, verschaffte ihnen dies einen gewaltigen Vorteil gegenüber ihren Feinden. Viele Spinnen mussten daher wohl oder übel Wege finden, ihre Beute aus der Luft zu fangen. Über Jahrmillionen hinweg entwickelte sich so das vollendete Radnetz als effiziente Methode zum Fang fliegender Insekten. Diese Lösung war eindeutig einfacher, als selbst Flügel zu entwickeln.

◄ Ein Radnetz in herbstlichem Morgenlicht.

Der Spinnfaden wird mit den Krallen der Hinterbeine aus den Spinnwarzen gezogen.

Das Netz besteht aus einem der belastbarsten Materialien, das wir kennen. Ein Spinnfaden misst zwar nur wenige Mikrometer im Durchmesser, kann aber auf ein Vielfaches seiner Länge gedehnt werden, bevor er reißt. So absorbiert das Netz die Wucht des aufprallenden Insekts und läuft kaum Gefahr zu reißen. Ein weiteres Konstruktionsdetail verhindert ein Zurückschnellen, sodass das Insekt nicht wieder aus dem Netz geschleudert wird. Die Aufprallenergie wird größtenteils auf sechs radiär verlaufende Speichenfäden übertragen, die den größten Teil der Energie liefern, um das Netz wieder in seine ursprüngliche Position zu bringen. Diese «Federung» stabilisiert das Netz, sodass es nach dem Aufprall von Beute nur begrenzt zurückschnellt. Auch mikroaerodynamische Kräfte aufgrund des Luftwiderstandes bringen das Netz schnell wieder in die Ursprungsposition.

Die einzelnen Arten positionieren ihre Netze entsprechend ihrer bevorzugten Beute. Die Höhe des Netzes, seine Neigung und das Habitat, in dem es gespannt ist, tragen entscheidend dazu bei, der Spinne so viel Beute wie möglich einzubringen. So sollen manche Netze in Wassernähe Stechmücken und Schnaken fangen, andere dienen flach im Gras hängend als Fallen für springende Heuschrecken, und wieder andere sind zwischen Sträuchern und Bäumen gespannt, um größere Fluginsekten zu fangen.

Nur die Arten von vier Spinnenfamilien bauen Radnetze; am vertrautesten sind uns wohl die Netze der Radnetzspinnen (Araneidae), zu denen auch die Gartenkreuzspinne gehört. Aber auch die Streckerspinnen (Tetragnathidae) und Kräuselradnetzspinnen (Uloboridae) weben Radnetze. Erwähnt sei noch, dass einige wenige Spinnen geometrische Netze bauen, die jedoch nicht dem Bauplan des Radnetzes folgen – die Gattung *Episinus* ist hierfür ein Beispiel. Sie gehört zur Familie der Kugelspinnen (Theridiidae), die normalerweise Netze mit in alle Richtungen verlaufenden Fäden bauen. *Episinus* baut ein stark vereinfachtes Netz in Form eines H, bei dem die unteren beiden Fäden am Boden verankert sind. Das Ganze wird von der Spinne selbst zusammengehalten (siehe Seite 139).

Spinnenfamilien dieser Gruppe

Die meisten Spinnen, die Radnetze bauen, gehören zur Familie **Araneidae (Radnetzspinnen)**. Die Struktur ihrer Netze unterliegt großen artspezifischen Schwankungen; meist sind die Gebilde verglichen mit denen anderer Radnetze bauender Arten recht groß, haben eine geschlossene Nabe und sind senkrecht aufgehängt. Tagaktive Arten zerlegen und verspeisen ihre alten Netze am Morgen und bauen neue für den Tag; nachtaktive Spinnen dagegen erneuern ihre Netze am Abend.

Viele Radnetzspinnen besitzen farbige Körper mit grüner, gelber oder roter Musterung, andere sind schlicht braun. Die meisten haben eher kurze, dünne Beine und unterscheiden sich darin von anderen Familien. Der Gesichtssinn spielt für sie eine untergeordnete Rolle, daher sind ihre Augen recht klein. Informationen über die Außenwelt erhalten sie vor allem über ihren Tastsinn, insbesondere durch den Kontakt mit dem Netz. Ihre Körpergröße liegt zwischen 1,5 und 30 Millimetern. Die Araneiden sind eine große Familie und mit rund fünfzig Arten in Mitteleuropa vertreten.

Die **Tetragnathidae (Streckerspinnen)** sind mit den Radnetzspinnen eng verwandt, doch ist ihr Körper eher lang gestreckt als rundlich, manchmal zwei- bis dreimal so lang wie breit. Viele Arten besitzen verlängerte Cheliceren, besonders die Männchen.

Arten der Gattung *Tetragnatha* bauen oft schräg oder waagerecht aufgespannte Radnetze mit offener Nabe. Spinnen der Gattung *Nephila* dagegen bauen ein senkrechtes, hellgelbes Netz, und *Pachygnatha*-Arten bauen nur als Jungtiere Netze und werden mit der Geschlechtsreife zu umherstreifenden Jägern. Sitzen sie nicht in ihrem Netz, kauern die Tiere oft regungslos und in typischer Haltung ausgestreckt auf einem Pflanzenstängel und sind kaum zu entdecken. In Mitteleuropa sind 18 Arten dieser Familie anzutreffen.

Die **Uloboridae (Kräuselradnetzspinnen)** stehen unter den Spinnen in zweierlei Hinsicht einzig da. Zum einen besitzen sie keine Giftdrüsen, zum anderen bauen die verschiedenen Gattungen der Familie vollkommen unterschiedliche Netze. Einige weben komplette Radnetze, andere nur dreieckige Sektorennetze; wieder andere benutzen nur einige einzelne Seidenfäden. Im Gegensatz zu den Radnetzspinnen setzen sie auch keine klebrigen Fäden ein, sondern benutzen mit feiner Kräuselwatte (Cribellumwolle) überzogene Fangfäden.

Die Spinnen selbst sind eher klein und zeigen ein ungewöhnliches Äußeres; so tragen sie oft Haarbüschel. Sie sind leicht mit Zweigen oder dürrem Laub zu verwechseln. Von den weltweit rund 260 Arten finden sich drei in Mitteleuropa.

Gespinst der Goldenen Seidenspinne *(Nephila clavipes)*.

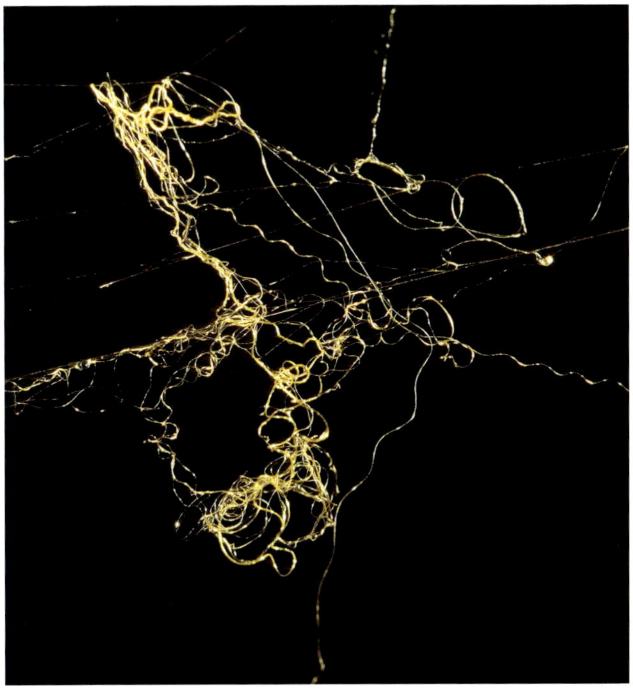

Eine Schwebfliege, Sekundenbruchteile bevor sie ins Netz fliegt.

Araneus diadematus (Gartenkreuzspinne)

Araneidae (Radnetzspinnen)

Diese so treffend benannte Art ist zwar nicht die häufigste Spinne in unseren Gärten, aber doch wohl die bekannteste. Im Mittelalter machte sie das weiße Kreuz auf ihrem Hinterleib zu einem Objekt religiöser Verehrung und zur Spinne schlechthin. Manchmal findet man sie in großer Zahl in städtischen Gärten, in Sträuchern oder auch an von Menschenhand geschaffenen Objekten wie Fensterrahmen. Dort ist sie wegen ihrer Größe kaum zu übersehen, auch weil sie prominent inmitten ihres Netzes sitzt. Doch die Gartenkreuzspinne ist in fast allen Lebensräumen heimisch, von Heidelandschaften und Wäldern bis hin zu Berghängen und Felswänden. Sie wurde auch in den Osten der USA eingeschleppt.

Am häufigsten begegnet man den Weibchen, die in der Mitte ihres Netzes sitzen. Sie sind deutlich größer als ihre Partner, besonders im Herbst, wenn ihr Hinterleib von bis zu 900 Eiern aufgetrieben ist.

Das Radnetz der Gartenkreuzspinne ist der Archetyp der Insektenfalle, errichtet, um ahnungslose Insekten im Flug zu fangen. Das nahezu senkrecht gebaute Netz ist im Verhältnis zur Spinne oft recht groß; es hat 25 bis 35 Speichenfäden und eine eng gezogene Fangspirale. Das Zentrum der Nabe besteht aus einem Maschenwerk aus Fäden, umgeben von einer kleinen Spirale; es schließt sich eine freie Zone an, bevor die eigentliche Fangspirale beginnt. Diese

Im Herbst ist die Gartenkreuzspinne ein vertrauter Anblick im Garten.

ist auf ganzer Länge mit klebrigen Leimtropfen besetzt, um Insekten festzuhalten. Die Spinne sitzt entweder in der Mitte der Nabe, wobei jedes der acht Beine Kontakt zu einem Speichenfaden hat, oder sie lauert abseits im Laub und hält einen kräftigen Signalfaden, der mit der Nabe verbunden ist. Schon die kleinste Bewegung verrät die Position eines strampelnden Insekts, woraufhin die Spinne schlagartig aktiv wird, das Opfer beißt und dann für die nächste Mahlzeit einwickelt.

Mit welcher Leichtigkeit sich Spinnen in ihren Netzen bewegen, ohne sich selbst zu verfangen, ist an dieser großen Spinne gut zu beobachten. Die Tiere erreichen dies auf mehreren Wegen. Zunächst einmal sitzen sie meist kopfüber im Netz; hängt das Netz nicht ganz senkrecht, sitzt die Spinne auf dessen Unterseite. Zudem ergreift sie mit ihren winzigen Krallen stets die trockenen Speichenfäden, denn nur die Spiralfäden sind klebrig. Spinnen, die Radnetze bauen, haben besonders geformte Tarsi mit einer zusätzlichen dritten Kralle und gegenständigen eingekerbten Borsten, um damit den Seidenfaden zu greifen. Indem sie ihre Fußglieder leicht verdreht und so den Faden auf Spannung bringt, bleibt die Spinne sicher in Position (siehe Seite 25). Zu guter Letzt sorgt noch ein öliger Überzug an den Beinen dafür, dass die Spinne nicht hängen bleibt.

Vier Farbvarianten der Vierfleck-Kreuzspinne.

Araneus quadratus (Vierfleck-Kreuzspinne)

Araneidae (Radnetzspinnen)

Neben der Wespenspinne *(Argiope bruennichi)* ist die Vierfleck-Kreuzspinne die größte Radnetzspinne Mitteleuropas; ein mit Eiern beladenes Weibchen kann bis zu 15 Millimeter lang werden. Das Männchen ist, wie so oft, deutlich kleiner. *Araneus quadratus* ist die einzige Spinne, die mit der Gartenkreuzspinne zu verwechseln ist; von oben gesehen, dürften die im Viereck angeordneten separaten Flecke allerdings Klarheit schaffen. Die Art ist zudem besonders attraktiv und zeigt Farbvarianten von Rostrot oder Dunkelbraun bis hin zu blassem Gelbgrün (siehe oben).

A. quadratus kommt in ganz Europa häufig vor. Sie lebt in Heidekraut, hohem Gras und niedrigem Buschwerk wie Heideginster. Dort baut sie ihr Netz von rund vierzig Zentimetern Durchmesser in 1 bis 1,5 Metern Höhe. Die meiste Zeit lauert sie abseits in einem Versteck (Retraite) aus Pflanzenmaterial und derber, papierähnlicher Seide.

Für den Beobachter, der seinen Blick regelmäßig über die Grassode schweifen lässt, sind die Ballen frisch geschlüpfter Jungen dieser Art (und ebenso der Gartenkreuzspinne und anderer Arten) ein vertrauter Anblick. Diese bleiben nach dem Schlupf mehrere Tage so versammelt und machen keine Anstalten, sich zu zerstreuen oder Nahrung aufzunehmen, bis sie durch eine Erschütterung, einen Schatten oder den Atem des Betrachters gestört werden und in alle Richtungen krabbeln. Ist die Gefahr vorüber, finden sich die Kleinen wieder zusammen. Der Ballen wird einige Tage lang immer größer, bis die Jungspinnen schließlich eigene Wege gehen.

➤ Soeben geschlüpfte Jungspinnen.

Araneus marmoreus mit typischer Musterung.

Araneus marmoreus
(Marmorierte Kreuzspinne)
Araneidae (Radnetzspinnen)

Eine weitere große Kreuzspinne – und eine besonders schöne dazu – ist *Araneus marmoreus*. Sie ist weniger häufig als *A. quadratus* und kommt nur in bestimmten Lebensräumen vor, wenn auch in ganz Europa. Es gibt zwei sehr unterschiedliche Farbvarianten; die links abgebildete mit breitem dunklem Fleck (Folium) am Hinterleibsende ist etwas häufiger zu sehen. Die andere ist so verschieden, dass man sie glatt für eine blasse Vierfleck-Kreuzspinne halten könnte (siehe Bild auf Seite 100). Aufgrund dieser großen Unterschiede wurden die Farbvarianten zunächst als zweierlei Arten beschrieben, die erste nannte man anfangs «*A. pyramidatus*».

So vereinzelt diese Art sonst auch auftreten mag, mein Heimatdorf Ardingly in Sussex scheint ihr Hauptquartier zu sein. Im Spätsommer und Herbst stoße ich überall in meinem Garten und umliegenden Wäldern auf die Tiere. In seinem 1958 erschienenen Klassiker «The World of Spiders» berichtet W. S. Bristowe, dass er in Ardingly mehr als 160 Exemplare gefunden habe. Vor Kurzem hatte ich zudem eine unglückliche Begegnung mit *A. marmoreus* in meinem Schlafzimmer. Ein großes Weibchen war irgendwie in mein Hemd gelangt, und ein kleines Zwicken unter dem Arm erinnerte mich daran, dass einige unserer größeren Spinnen durchaus beißen können, wenn man sie sehr provoziert.

A. marmoreus baut ihr großes Radnetz in Brombeergestrüpp, hohem Gras und tief hängenden Zweigen und verbirgt sich in einem mit Seide ausgekleideten Blatt. Um sie zu finden, hält man am besten nach einem Radnetz Ausschau und folgt dann dem Signalfaden, der zu ihrer Retraite führt.

◄ *A. marmoreus «pyramidatus»* (Farbvariante).

Retraite von *A. alsine* in trockenem Blatt; rechts von unten gesehen mit darin sitzender Spinne.

Araneus alsine (Sumpfkreuzspinne)

Araneidae (Radnetzspinnen)

Angesichts ihres Äußeren würde sich für diese Art die Bezeichnung «Erdbeerspinne» durchaus anbieten. Mit ihrem hellbeige gepunkteten, blassorangefarbenen bis kräftig roten Hinterleib ist sie praktisch unverwechselbar.

Trotz ihres auffälligen Aussehens bekommt man sie nur mit etwas Glück zu sehen – ich habe viele Stunden in ihrem bevorzugten Lebensraum auf dem Rücken liegend verbracht, bis ich endlich einen Blick auf eines der leuchtend roten Tiere erhaschen konnte. Die hier gezeigten Fotos entstanden in einem nassen Graben und erinnern mich stets an dieses Erlebnis.

A. alsine ist zwar nicht selten, kommt aber doch nur vereinzelt vor. Das Weibchen findet man in Bodennähe unter Gestrüpp in Brachland, Heidelandschaften und Feuchtgebieten. Als wollte es sich besonders rar machen, verbirgt es sich die meiste Zeit in einem trichterförmig aufgerollten, mit Seide ausgekleideten dürren Blatt; um das Tier zu sehen, blickt man also am besten mit einem Spiegel von unten in diesen Trichter. Um ein Exemplar aufzuspüren, verfährt man in einem bekannten Lebensraum der Art am besten mit jedem aufgerollten trockenen Blatt in dieser Weise – wenn man die Geduld dazu hat.

Das Netz wird recht tief aufgehängt und hat meist etwa fünf verstärkende Spiralen, wobei der Raum in der Nähe des Signalfadens weitgehend ausgespart bleibt, ähnlich wie bei der Sektorspinne (*Zygiella x-notata*).

➤ Seltener Anblick: *Araneus alsine* auf einem Grashalm.

Vier Farbvarianten von *Agalenatea redii.*

Agalenatea redii (Körbchenspinne)

Araneidae (Radnetzspinnen)

Spinnen zu identifizieren, ist oft schwer, denn selbst innerhalb einer Art können sehr unterschiedliche Farben, Muster und auch Formen auftreten, wie diese Fotos deutlich belegen. Besonders bei Radnetzspinnen sind solche Varianten häufig. Diese Spinnen sitzen still im Freien, also steckt dahinter vielleicht die Strategie, dass Feinde kein besonderes Beuteschema erlernen sollen. Wie so viele Radnetzspinnen zeigt auch *A. redii* eine blattförmige Musterung des Hinterleibes (Folium); da sie tagsüber meist ungeschützt auf trockenen oder braunen Samenständen von Heide, Heideginster und ähnlichen Pflanzen sitzt, ist sie so bestens getarnt und kaum zu entdecken – weder für Feinde noch für Spinnenliebhaber. Ihr Radnetz zeigt im Nabenbereich ein dichtes Maschenwerk, doch lauert die Spinne am Rande in einem «Körbchen» aus feinem Gespinst auf Beute, weshalb sie im Deutschen auch «Körbchenspinne» heißt.

Diese mittelgroße Spinne ist zwar nicht besonders beeindruckend, aber immerhin die einzige europäische Vertreterin ihrer Gattung. Sie kommt in weiten Teilen Mitteleuropas vor, jedoch nur vereinzelt.

◄ *A. redii* in ihrer körbchenförmigen Retraite auf Heideginster.

Die Schilfradspinne lebt gern in Wassernähe.

Larinioides cornutus **(Schilfradspinne)**

Araneidae (Radnetzspinnen)

Diese und die folgende Art wurden einst der Gattung *Araneus* zugeordnet, doch aufgrund struktureller Besonderheiten ihrer Fortpflanzungsorgane ordnet man sie heute der Gattung *Larinioides* zu.

Fachleute unterscheiden *L. cornutus* und *L. sclopetarius* (rechte Seite) durch genaue Untersuchung ihrer Pedipalpen und Epigynen, doch lassen sie sich auch anhand allgemeinerer Kriterien unterscheiden – etwa am Lebensraum. *L. cornutus* ist fast immer in Wassernähe auf Schilf, hohem Gras und anderer Vegetation anzutreffen, wo sie Eintagsfliegen, Klein- und gelegentlich sogar Großlibellen fängt. Die Farbgebung ist bei Spinnen selten ein sicheres Identifizierungsmerkmal, und diese Art zeigt besonders viele Varianten. Einen Anhaltspunkt liefert aber die Größe adulter Tiere: *L. cornutus* ist mit 5 bis 9 Millimetern kleiner als *L. sclopetarius*. Die Spinne sitzt zudem selten in ihrem Netz, sondern verbirgt sich lieber in ihrer Retraite aus papierähnlicher Seide auf einer Pflanze. Wie viele Spinnen ist sie nachtaktiv und baut ihr Netz meist nach Einbruch der Dunkelheit. Hier verbringt sie die Nacht, doch überwacht sie das Netz aus ihrem Tagesversteck heraus.

Bei Gefahr verlässt *L. cornutus* oft ihr sicheres Versteck und lässt sich an einem Faden zu Boden fallen, um zwischen Pflanzen Schutz zu suchen; nicht selten kriecht sie auch an einem Stängel ins Wasser und bleibt etwa eine Minute lang untergetaucht, bevor sie sich am Sicherheitsfaden wieder emporhangelt. Andere Spinnen verhalten sich ähnlich, so habe ich schon gesehen, wie sich *Araneus marmoreus* ins Wasser fallen ließ, wenn ihre Retraite über der Wasseroberfläche hing.

L. cornutus ist in ganz Europa verbreitet und recht häufig.

Brückenkreuzspinne *(Larinioides sclopetarius)*.

Larinioides sclopetarius
(Brückenkreuzspinne)
Araneidae (Radnetzspinnen)

Mit 9 bis 14 Millimetern Länge ist *L. sclopetarius* nicht nur größer als die vorige Art, man findet sie auch seltener an Vegetation. Sie zieht Zäune, Gebäude und Brücken vor, schätzt allerdings ebenfalls die Wassernähe. Die Spinnen sind in wassernahen Lebensräumen in enormer Zahl anzutreffen, zieht doch das Wasser fliegende Insekten und andere Tiere an wie ein Magnet.

Kennzeichnend für *L. sclopetarius* ist auch ihr auffällig pelziges Aussehen. Die Kopfregion des Carapax und die dunklen Bereiche des Hinterleibes sind von weißen Haaren umrandet. Die Spinne ist in weiten Teilen Mitteleuropas verbreitet und hier besonders zahlreich an Brückengeländern zu beobachten.

Diese nachtaktive Art fängt bevorzugt Nachtfalter.

Nuctenea umbratica (Spaltenkreuzspinne)

Araneidae (Radnetzspinnen)

Diese Spinne ist zwar in Europa weit verbreitet und häufig, doch bekommt man sie tagsüber nur selten zu Gesicht, wenn man sie nicht gerade in ihrem Tagesversteck aufstöbert. Am ehesten findet man sie an alten Bäumen, an Schuppen, Toren oder Zäunen; dort verraten die typischen Netze – mit weit mehr Spiralfäden ober- als unterhalb der Nabe – ihre Anwesenheit. Ein Signalfaden ist nicht sichtbar und somit fehlt auch der Hinweis auf das Versteck der Bewohnerin, die sich mit ihrem flachen Hinterleib in enge Risse und Spalten zwängen kann. Trotz ihrer Farbvarianten ist diese Art wegen ihrer Größe, des abgeflachten Körpers und der braungezackten blattförmigen Zeichnung (Folium) auf dem Hinterleib kaum mit anderen Kreuzspinnen zu verwechseln.

Das Netz adulter Tiere ist stark, groß und sehr elastisch, sodass es große Nachtfalter und andere nachtaktive Insekten fangen kann. Dennoch nimmt es dabei häufig Schaden, und so kommt die Spinne in der Abenddämmerung aus ihrer Retraite, um ein neues Netz als Falle für die Nacht zu bauen. Im fertigen Netz geht sie dann auf der Nabe in Warteposition.

Bei Störungen neigt diese Art besonders dazu, sich tot zu stellen (Katalepsie); sie fällt dann wie ein Stein zu Boden. Dort verharrt sie mitunter minutenlang mit angezogenen Beinen, bis die Gefahr vorüber ist. Weibchen sind das ganze Jahr hindurch anzutreffen, die Männchen sterben mit Beginn des Winters.

In der Rückenansicht präsentiert *Mangora acalyphata* ihre typische Zeichnung.

Mangora acalyphata
(Streifenradnetzspinne)
Araneidae (Radnetzspinnen)

Diese Art ist der einzige Vertreter ihrer Gattung in Europa und durch ihr charakteristisches Streifenmuster unverwechselbar. Sie baut ihr Netz bodennah im Gras oder Heidekraut; anders als bei den meisten Radnetzspinnen ist es sehr schräg, manchmal fast horizontal aufgespannt. Die Spinne sitzt ohne jede Deckung auf der Unterseite des Netzes mitten in der Nabe. Ihr Netz ist auch insofern ungewöhnlich, als es besonders viele – nämlich 50 bis 60 – Speichenfäden und auch mehr Spiralumgänge besitzt als bei den meisten anderen Arten.

Die Art ist in Mitteleuropa zwar verbreitet, ist jedoch zunehmend nur vereinzelt anzutreffen, je weiter man nach Norden kommt. So kommt sie in Südengland recht häufig vor, in Finnland dagegen fehlt sie.

Ein Kürbisspinnenmännchen putzt sich den Fuß.

Dieses Exemplar hat sein Netz quer über ein Blatt gespannt.

Araniella cucurbitina (Kürbisspinne)

Araneidae (Radnetzspinnen)

In Mitteleuropa gibt es sechs Arten der Gattung *Araniella* (Kürbisspinnen), die sich alle an ihrem grünen Hinterleib mit kleinen, paarigen schwarzen Flecken und einem roten Fleck eben oberhalb der Spinnwarzen zu erkennen geben. Das Abdomen des Männchens ist kleiner, sein rötlicher Cephalothorax setzt sich deutlich dagegen ab. Die beiden häufigsten Arten der Gattung sind *Araniella cucurbitina*, die Kürbisspinne, und *A. opisthographa*; beide sind in ganz Mitteleuropa verbreitet. Ohne Mikroskop sind sie allerdings kaum zu unterscheiden. Die anderen mitteleuropäischen Arten sind eher selten. Eine von ihnen, *A. displicata*, ist in Nordamerika recht häufig.

Die Netze der *Araniella*-Arten sind klein und werden in Kopfhöhe oder tiefer in Buschwerk und Bäumen gebaut. Manchmal sind sie quer über ein kleines, leicht eingerolltes Blatt gespannt; dann allerdings weisen sie nur selten den ordentlichen Bau eines Radnetzes auf.

➤ Das Netz dieser Kürbisspinne hängt voller Pollen.

Weibchen und Männchen von *Neoscona adianta* bei der Paarung.

Neoscona adianta (Heideradspinne)

Araneidae (Radnetzspinnen)

Diese ansprechende Radnetzspinne ist kaum mit anderen Arten zu verwechseln. Das Weibchen misst etwa neun Millimeter und trägt auf dem bräunlichen oder rostroten Hinterleib eine Reihe schwarz umrandeter, weißgelblicher Dreiecke, die zum Hinterende hin kleiner werden (siehe auch Seiten 30 und 31).

Das Weibchen sitzt gut sichtbar in seiner Retraite, einer Gespinstschale neben dem Netz, das in niedrigen Pflanzen wie Disteln, Heideginster oder Heidekraut gebaut wird.

◂ *Neoscona* mit Beute.

Zilla diodia

Araneidae (Radnetzspinnen)

Zilla diodia ist eine kleine, aber unverkennbare Radnetzspinne. Ihr vollendet konzentrisches Netz baut sie meist in schattigen Bereichen etwa in Hüfthöhe, sodass die Tiere leicht zu entdecken sind. Sie sind nicht nur auffällig, sondern sitzen zudem völlig frei inmitten der Netznabe auf einem dichten Fadengitter. Das Netz zeichnet sich durch ungewöhnlich viele festigende Spiralfäden und das Fehlen einer Retraite und eines Signalfadens aus.

Zilla diodia ist die einzige Vertreterin ihrer Gattung in Mitteleuropa. Sie ist in ganz Europa verbreitet, fehlt allerdings in Nordengland.

▲ *Zilla diodia* in der Nabe ihres Netzes.

Die Spiralfäden sind zum Fang von Insekten mit Leimtröpfchen besetzt, die Radien bleiben frei.

Araneus triguttatus

Araneidae (Radnetzspinnen)

Diese eher vereinzelt anzutreffende Spinne baut ihr kleines, zartes Netz in sommergrünen Sträuchern und Bäumen. Wie im Bild gut erkennbar, bleibt die Nabe frei von Spiralfäden. Wie *Zilla diodia* (siehe Seite 116) lauert *Araneus triguttatus* im Zentrum des Netzes darauf, dass sich kleine Insekten in den klebrigen Spiralfäden verfangen. Wie bei den meisten Radnetzspinnen sind die Speichenfäden (Radien) nicht mit Leimtröpfchen belegt und darum fast unsichtbar. So kann sich die Spinne behende im Netz bewegen, ohne selbst festzukleben. Wird das Netz beschädigt, verzehrt sie es innerhalb weniger Minuten, um sogleich ein neues zu bauen. Wie viele Radnetzspinnen erneuert sie es täglich.

Es gibt zwei ähnliche Arten dieser Gattung; die andere, *Araneus sturmi*, bevorzugt immergrüne Bäume. Sie ist etwas kleiner und weniger selten. Beide Arten sind in fast ganz Mitteleuropa verbreitet.

Die kleinen Spinnen der Gattung *Hypsosinga* haben einen rundlichen, glänzenden Hinterleib.

Hypsosinga sanguinea (Rote Glanzspinne)

Araneidae (Radnetzspinnen)

In Europa kommen vier Arten der mit etwa 2,5 bis 5 Millimetern Länge winzigen, aber hübschen Radnetzspinnen der Gattung *Hypsosinga* vor. Typisch für diese «Glanzspinnen»-Gattung ist der glänzende, ovale, dunkelbraune Hinterleib mit weißen oder hellgelben Längsstreifen.

Die Tiere bauen ihre kleinen Radnetze bodennah in niedriger Vegetation, oft in Wassernähe oder an feuchten Standorten. Die abgebildete Rote Glanzspinne kommt in Nordeuropa selten und nur vereinzelt vor; sie bevorzugt, was nicht gattungstypisch ist, eher trockene Lebensräume.

Zygiella x-notata (Sektorspinne)

Araneidae (Radnetzspinnen)

Die Sektorspinne zählt zu den häufigsten Arten in Europa. Sie ist in vielen Fensterrahmen zu finden, Tag und Nacht, sommers wie winters. Bei mir lebt an jedem Fenster mindestens eine Spinne, manchmal sitzt sogar in allen vier Ecken je ein Exemplar.

Die Art ist zwar an der grauen, blattartigen Zeichnung (Folium) auf dem Rücken zu identifizieren, doch verrät vor allem das Netz ihre Anwesenheit. Die Netze aller *Zygiella*-Arten sind leicht zu erkennen, denn der oberste Sektor ist frei von Spiralfäden. Beim Netzbau bewegt sich die Spinne nicht spiralförmig rundherum, sondern kehrt jedes Mal um, wenn sie diesen Sektor erreicht. Direkt hinter dem freien Sektor verläuft der kräftige Signalfaden zur Wohnröhre am Rand oder in der Ecke der Fensternische. Dort wartet die Spinne mit den Vorderbeinen am Signalfaden, bis sich ein Insekt verfängt. Manchmal überspannen doch Spiralfäden den freien Sektor – die Netze von Jungspinnen sind vollständig, ebenso wie die Netze mancher adulten Spinnen im Spätsommer. Dennoch sind die Netze durch den gespannten Signalfaden und die oval gedehnte Nabe unverkennbar.

Sektorspinnen sind besonders nachts aktiv, wenn das Licht im Hause Nachtfalter und andere Insekten anlockt. Im Spätsommer gehen besonders Schnaken ins Netz, obwohl die schwerfälligen Insekten sich oft befreien können, bevor die Spinne zubeißen kann.

Ihre Eier legen die Tiere in einen Kokon, der oft von zahlreichen Fäden bedeckt am Rand oder in der Ecke des Fensters befestigt ist. Er enthält etwa fünfzig Eier.

Netz von *Z. x-notata*.
Durch den freien Sektor verläuft der Signalfaden.

◂ Spinne mit erbeuteter Schnake.

Zygiella atrica in ihrem Netz.

Zygiella atrica

Araneidae (Radnetzspinnen)

Diese Art gleicht der Sektorspinne sehr, bevorzugt aber einen anderen Lebensraum: Während *Zygiella x-notata* Fensternischen an Häusern besiedelt, baut *Zygiella atrica* ihr Netz in Heidekraut, Heideginster und anderen Sträuchern, oft im offenen Feld fernab aller Gebäude; zudem ist diese Sektorspinne auch an Felsen und Wellenbrechern am Meer zu finden. Der Artname *atrica* (von lateinisch *atrium* für Wohnstube, Saal) ist unpassend, da man sie selten an Häusern findet, und würde eher ihrer Gattungsgenossin gerecht.

Im Gegensatz zu dieser verharrt *Z. atrica* bei Störungen nicht in ihrer Retraite, sondern lässt sich zu Boden fallen. Am dabei gespannten Sicherheitsfaden findet sie später leicht wieder zurück. Beide Arten sind einander ähnlich, aber doch zu unterscheiden, denn *Z. atrica* hat ein silbergraues Folium und rote Marken am vorderen Hinterleib. Sie ist in Europa verbreitet, aber seltener als *Z. x-notata*.

Helle Warnfarben und ein stachelbewehrter Körper schrecken Feinde ab.

Gasteracantha cancriformis

Araneidae (Radnetzspinnen)

Zwar ist diese seltsam aussehende Spinne nicht besonders groß, aber ihre typische Form, Farbe und der wie lackiert wirkende Hinterleib machen sie zu einer der auffälligsten Spinnen der warmen Regionen Nordamerikas. Auf den ersten Blick mag sie an eine Krabbenspinne erinnern, doch gehören die Arten der Gattung *Gasteracantha* zu den Radnetzspinnen und sind mit den Thoisidae nicht verwandt.

Diese Art aus der Gruppe der Stachelspinnen ist die einzige Vertreterin ihrer Gattung in der Neuen Welt, wo sie von den südlichen USA bis nach Argentinien zu finden ist. Da sie etliche Farbvarianten aufweist, wurde sie im Laufe der Jahre von zahlreichen Biologen unter den verschiedensten Bezeichnungen beschrieben. Die Farbe variiert von fast Weiß in Florida bis zu Orangegelb in Mittel- und Südamerika, die Stachelfarbe schwankt von Schwarz bis Rot. Heute gilt sie als einheitliche Art.

Das Weibchen ist breiter als lang und misst etwa 5 bis 9 Millimeter in der Länge und 10 bis 13 Millimeter in der Breite. Die Männchen sind sehr viel kleiner, länger als breit und besitzen keine Stacheln am Hinterleib. *Gasteracantha* lebt in Wäldern und Zitrushainen, wo sie ihr Netz meist in 1 bis 6 Metern Höhe baut. Sie sitzt kopfunter in der Nabe, die durch eine freie Zone von den klebrigen Spiralfäden getrennt ist. Hat sich ein Insekt verfangen, wickelt die Spinne das Opfer blitzschnell ein und trägt es in die Netzmitte, um es dort zu verzehren.

Micrathena in der Nabe ihres Netzes, über ihr das Stabiliment.

Micrathena sagittata

Araneidae (Radnetzspinnen)

Auch diese Art gehört zur Gruppe der Stachelspinnen; ihre Gattung ist mit mehreren Arten in der Neuen Welt vertreten. Im Bild ein Weibchen von *Micrathena sagittata*, die man im Osten der USA sowie in Mittel- und Südamerika antrifft. Die Weibchen dieser Art sind mit ihren langen, schräg stehenden Hinterleibsstacheln besonders auffällig. Wie *Gasteracantha* zeigen sie eine erhebliche Variationsbreite.

Das leicht geneigte Radnetz von *Micrathena* misst etwa dreißig Zentimeter im Durchmesser und wird in niedrigem Buschwerk an Waldrändern, Hecken und in Gärten gespannt. Es besitzt zahlreiche Speichenfäden und eine eng stehende Fangspirale. Über der Nabe, in der die Spinne mit dem Kopf nach unten sitzt, befindet sich manchmal ein kleines Stabiliment (Seidenband). Wie viele Spinnen lässt sie sich bei Störung aus dem Netz fallen. Sie soll hauptsächlich Heuschrecken erbeuten.

Argiope argentata von hinten gesehen.

Argiope argentata

Araneidae (Radnetzspinnen)

Die großen, auffälligen Spinnen dieser Gattung hängen meist kopfüber in der Nabe ihres Netzes, durch das fast immer zickzackförmige Stabilimente verlaufen – mal einzelne, mal bis zu vier sich kreuzende Seidenbänder, wie bei dieser Art. Deren Zweck ist noch ungeklärt; vielleicht dienen sie als Tarnung, um von der Spinne abzulenken. Das leuchtet insofern ein, als Stabilimente nur von Spinnen gewoben werden, die in der Netznabe sitzen. Eine andere Erklärung ist, dass das Netz so besser sichtbar wird und Vögel nicht so oft hineinfliegen; das spart der Spinne viel Energie bei der Reparatur.

Die Spinnen dieser Gattung leben vor allem in den Tropen und Subtropen; die hier gezeigte Art mit ihrem silbrigen Cephalothorax, dem auffällig gezeichneten Hinterleib und den gelb-schwarz gestreiften Beinen kommt in Florida sowie in Mittel- und Südamerika vor. Oft leben in einem Busch gleich mehrere Exemplare. *A. argentata* beißt ihre Opfer nicht immer, sondern reagiert je nach Beute verschieden. Tag- und Nachtfalter werden anhaltend gebissen, die meisten anderen Insekten wickelt sie zunächst ein. Wahrscheinlich müssen große Insekten (besonders solche mit Schuppen) schnell ruhiggestellt werden, damit sie nicht entkommen.

➤ *A. argentata* im Netz, unten rechts ein einzelnes Stabiliment.

Eine Wespenspinne mit den typischen gelbschwarzen Streifen.

Argiope bruennichi (Wespenspinne)
Araneidae (Radnetzspinnen)

Diese exotisch anmutende Spinne würde man eher in einem dampfenden Regenwald vermuten als in den wärmeren Regionen Mittel- und Südeuropas. Das Weibchen ist nicht nur groß – besonders wenn sein Hinterleib im Spätsommer voller Eier steckt –, sondern trägt mit seinen wespenähnlichen gelben und schwarzen Querstreifen auch eine auffällige Warntracht. Das Männchen ist dagegen ein farbloser brauner Zwerg; kaum vorstellbar, dass beide einer Art angehören. Tatsächlich scheint auch das Weibchen für seinen Partner nicht viel übrig zu haben – er wird meist verspeist, manchmal noch bevor die Paarung abgeschlossen ist!

Das vom Weibchen bodennah gebaute große Radnetz weist je ein Stabiliment ober- und unterhalb der Nabe auf und ist leicht geneigt. Man findet es meist im langen Gras an Feldrändern und auf Brachen, wo es viele Heuschrecken gibt.

In wärmeren Ländern gibt es mehrere *Argiope*-Arten; die Wespenspinne hat jedoch ihr Verbreitungsgebiet in den letzten Jahrzehnten immer weiter nordwärts ausgedehnt und beispielsweise in den 1940er-Jahren die englische Südküste erreicht. Auch in Deutschland ist sie an mehreren Standorten anzutreffen. Das abgebildete Exemplar bewachte seinen großen, bauchigen Eikokon in Ashdown Forest in Sussex, fernab der englischen Südküste.

Die großen Cheliceren einer Tetragnatha in Nahaufnahme.

Tetragnatha extensa
(Gemeine Streckerspinne)
Tetragnathidae (Streckerspinnen)

Ein langer, schmal zulaufender Körper, lange, dünne Beine und weit vorstehende Cheliceren unterscheiden die meisten Streckerspinnen von anderen Spinnen, die Radnetze bauen. Nicht alle Arten besitzen allerdings die großen Cheliceren. Typisch ist auch die Haltung, die sie beispielsweise auf einem Grashalm einnehmen. Dabei halten sich die Spinnen mit dem dritten Beinpaar fest, die beiden vorderen werden parallel zum Halm nach vorn, das letzte nach hinten gestreckt. Diese Tarnstellung und das grünsilbrige Muster mit dunklen Venen machen die Tiere nahezu unsichtbar. Die häufigsten Arten in Europa sind *T. extensa* und *T. montana* (Bergstreckerspinne), die aber im Feld nur schwer zu entdecken sind.

Das Netz der Streckerspinnen ist ein zartes Konstrukt aus wenigen Speichenfäden und einer weiten Spirale. Wie die Netze der Höhlenradnetzspinne (siehe Seite 131) haben sie ein Loch in der Mitte (offene Nabe); zudem sind sie oft geneigt oder liegen fast waagerecht. Der Name *Tetragnatha* («Vierkiefer») passt gut, besitzen die Tiere doch neben den langen, schräg stehenden Cheliceren zwei ebenso lange Maxillen. So entsteht der Eindruck, die Spinnen besäßen vier Cheliceren. Diese kommen bei der Paarung zum Einsatz, wenn sich die Partner ineinander «verbeißen»; damit schützt sich das Männchen davor, attackiert zu werden.

Bevorzugter Standort der Tiere sind Schilf- und Binsenbestände am Wasser, wo es reichlich zarte, hinfällige Beuteinsekten wie Mücken und Eintagsfliegen gibt. Sie errichten ihre Netze am frühen Abend, bevor die meisten dieser Insekten aktiv werden. Streckerspinnen sind in ganz Europa verbreitet.

➤ *Tetragnatha extensa* mit gefangenen Eintagsfliegen.

T. extensa in ihrem Netz.

Streckerspinne auf einem Grashalm.

Herbstspinne am Rückspiegel eines Autos.

Metellina segmentata (Herbstspinne)

Tetragnathidae (Streckerspinnen)

Die Herbstspinne ist wohl die häufigste Radnetzbauerin in Europa. In manchen Jahren findet man im Herbst draußen an geeigneten Orten (und die sind fast überall) fast in jedem Strauch und jedem hohen Grasbüschel mindestens ein Netz dieser Art. Die in dessen Mitte sitzende Spinne ist gelblich mit einem braunen oder violetten Folium auf dem Hinterleib. Die Zeichnung variiert sehr in Intensität und Farbe. Beim Männchen, das übrigens längere Beine hat, ist sie schön rostbraun.

Diese Streckerspinnengattung ist in Europa mit fünf Arten vertreten, deren Netze für Spinnen dieser Größe recht klein sind. Typisch sind die offene Nabe, eng gesetzte Spiralfäden und eine größere Zahl von Speichenfäden als bei den *Tetragnatha*-Arten. Die Herbstspinne verbirgt sich nicht in einer Retraite – daher gibt es auch meist keinen Signalfaden –, sondern sitzt in der Mitte des Netzes, bereit, bei der kleinsten Vibration hervorzuschießen.

Zur Paarungszeit im Spätsommer und Herbst sieht man die Männchen oft am Netz des Weibchens sitzen; manchmal leben beide dort geradezu friedlich nebeneinander, bevor die Partnerwerbung beginnt. Die eigentliche Paarung wird ausgelöst, wenn das Weibchen eine Beute fängt und seine Cheliceren damit beschäftigt sind, diese einzuwickeln oder zu verzehren; das Männchen kann sich nun gefahrlos nähern. Diese friedliche Beziehung ist wohl nur möglich, weil das Männchen annähernd gleich groß ist wie das Weibchen; zudem hat es deutlich längere Beine, was bei einem möglichen Gerangel Vorteile verschafft. Ganz anders sieht es bekanntlich bei den meisten Radnetzspinnen der Gattung *Araneus* aus – weibliche Gartenkreuzspinnen sind doppelt so groß wie das Männchen, das sich glücklich schätzen kann, wenn es mit dem Leben davonkommt.

Die Herbstspinne fängt ihre Beute zwar hauptsächlich mit ihrem Netz, doch stürzt sie sich auch gelegentlich an einem Faden aus dem geneigten Netz, um ein sich darunter bewegendes Insekt zu packen; sie muss also recht gute Augen haben.

Eine Höhlenradnetzspinne mit Eikokon.

Meta menardi (Höhlenradnetzspinne)

Tetragnathidae (Streckerspinnen)

Diese seltsame und recht große Spinne lebt bevorzugt in der Finsternis (oder im Dämmerlicht) von feuchten Höhlen, Abwasserkanälen oder Eisenbahntunneln. Wie das im Bild seinen Kokon bewachende Weibchen zeigt, sind die Tiere entsprechend bronzefarben und schwarz gezeichnet, manchmal auch gelblich gefleckt, obwohl sich diese Farben nur zeigen, wenn man sie mit einer starken Taschenlampe anleuchtet.

Die Spinne errichtet überraschenderweise ein Radnetz, das aber im Dunkeln kaum zu entdecken ist, zumal es dicht an Wände und Decke ihres Lebensraums gebaut ist. Zum Glück ist *Meta menardi* sehr lethargisch, wovon auch Arachnophobiker profitieren, die den Mut aufbringen, die Spinne in ihrem unbehaglich engen Lebensraum zu betrachten!

Die Höhlenradnetzspinne ernährt sich von Wirbellosen, die in dunklen und feuchten Orten verkehren, wie Asseln, Stechmücken und überwinternden Schmetterlingen – ich habe in ihren Netzen schon die Überreste von Tagpfauenaugen und Zackeneulen gefunden. Die Spinne ist zwar keineswegs häufig, aber doch in ganz Mitteleuropa verbreitet. Es werden allerdings mehrere Arten als «Höhlenspinnen» bezeichnet, daher hält man sich am besten an den wissenschaftlichen Namen.

Nephila clavipes (Goldene Seidenspinne)

Tetragnathidae (Streckerspinnen)

Diese Art ist die größte Webespinne der Welt. Die beeindruckende Spinne ist nicht nur an ihrer Größe zu erkennen – der Körper des Weibchens wird etwa 3,75 Zentimeter lang –, sondern auch an ihren langen Beinen mit den auffälligen schwarzen Haarbüscheln an Femur und Tibia der ersten, zweiten und vierten Beinpaare. Das gewaltige goldgelbe Netz, das bis zu 18 Meter überspannen kann, ist ebenfalls verräterisch. Man findet *Nephila* vom Südosten der USA südwärts bis Mittel- und Südamerika, in Europa fehlt sie jedoch.

Ich erinnere mich noch gut an meine erste Begegnung mit *Nephila clavipes* in den 1970er-Jahren, lange bevor ich mich für Spinnen zu interessieren begann. Ich ging in den Everglades einen breiten Weg zwischen Kiefern entlang, als ich plötzlich eine unheimliche, verschwommene Form wenige Zentimeter vor meiner Nase in der Nachmittagssonne schimmern sah. Nachdem ich ein paar Schritte zurückgetreten war, um genauer hinzusehen, erkannte ich in einem goldgelben Radnetz sitzend die größte Spinne, die ich je gesehen hatte. Das Netz war gewaltig – das Rad allein hatte einen Durchmesser von einem Meter und wurde von Seidensträngen gehalten, die den 15 Meter breiten Weg überspannten. Damals litt ich noch unter Spinnenangst und zog mich schleunigst zurück.

Nephila sitzt im Zentrum ihres Netzes und lauert auf große Insekten; auch Hummeln werden gefangen. Meist sitzt im Netz auch ein Männchen. Neben dem Weibchen erscheint es winzig und unscheinbar; es erreicht nur etwa ein Hundertstel von dessen Gewicht. Es ist sogar so klein, dass es vom Weibchen nicht einmal als potenzielle Beute betrachtet wird; so kann es sich im Netz praktisch frei bewegen. Und da das Weibchen relativ schwerfällig ist, könnte das Männchen im Falle eines Falles leicht entkommen. Im Gegensatz zu den meisten Spinnenmännchen, die komplexe optische und taktile Signale entwickelt haben, um ihre sexuellen Absichten kundzutun und nicht verspeist zu werden, hat sich bei *Nephila* zu demselben Zweck dieser ungewöhnliche Größenunterschied entwickelt.

◄ Ein Paar der Goldenen Seidenspinne (oben das Männchen).

► Gut sichtbar: die Haarbüschel an den Femora.

Seitenansicht von *Uloboris plumipes* in Tarnstellung.

Uloborus plumipes

Uloboridae (Kräuselradnetzspinnen)

Diese Art ist in weiten Teilen Europas zu finden und hat ihr Verbreitungsgebiet in jüngster Zeit auch auf Großbritannien ausgedehnt, wo sie in zunehmender Zahl in Gartencentern und Gewächshäusern vorkommt. Werden Insektizide dort nicht routinemäßig eingesetzt, hat sie mit den kleinen Fliegen und Käfern an diesen Orten ihr gutes Auskommen.

Die Spinne ist äußerlich unverwechselbar und kann verschiedene seltsame Haltungen einnehmen; meist ahmt sie damit ein dürres Blatt oder sonstige Pflanzenteile nach. Besonders typisch sind die Körperform und die Haarbüschel an den Vorderbeinen, ebenso ihre Gewohnheit, regungslos mit ausgestreckten Beinen dazusitzen.

Uloborus plumipes kommt in vielen Ländern Europas, des Mittelmeerraums, Afrikas und (neben einigen ähnlichen Arten) in Teilen Nordamerikas vor; nach England kam sie zweifellos mit importierten Pflanzen.

◄ Die Spinne in ihrem Netz, von unten gesehen.

Subadultes Dreiecksspinnenmännchen im Netz.

Hyptiotes paradoxus
(Dreiecksspinne)
Uloboridae (Kräuselradnetzspinnen)

Hyptiotes paradoxus ist eine bezaubernde kleine Spinne und einer meiner ausgesprochenen Lieblinge. In Mitteleuropa ist sie recht häufig anzutreffen. Sie erreicht eine Länge von 3 bis 6 Millimetern und lebt oft in den unteren und mittelhohen Ästen von Eiben und Buchsbaum. Ihre geringe Größe und die Angewohnheit, an versteckten Stellen fast immer regungslos dazusitzen, sind wohl der Grund dafür, dass man sie so selten wahrnimmt.

Dazu kommt ihr ungewöhnliches Äußeres, das mehr an ein trockenes Blatt erinnert als an eine Spinne. Nie streckt sie alle acht Beine gleichzeitig aus wie eine «richtige» Spinne; sie hält sie lieber dicht am Körper, was ihr ein gekrümmtes Aussehen verleiht. Die Dreiecksspinne besitzt

Die Bildsequenz zeigt, wie *Hyptiotes paradoxus* ihre Beute fängt.

zudem noch riesige, ballonartig aufgetriebene Pedipalpen, die so groß sind wie der selbst nicht eben kleine Cephalothorax

Hyptiotes baut kein vollständiges Radnetz, sondern nur ein dreieckiges, aus drei Sektoren bestehendes Teilstück. Dieses hält die Spinne selbst auf Spannung, indem sie an dessen Spitze mit ihren Vorderbeinen einen Faden festhält. Fliegt ein Insekt ins Netz, lässt die Spinne den Faden los, das Netz zieht sich zusammen und

umwickelt die Beute noch weiter. Dies wiederholt sich mehrmals, wobei die Spinne weitere Seide aus den Spinndrüsen ausscheidet, während sie sich Stück für Stück der zappelnden Beute nähert. Die gezeigte Fotosequenz ist das Ergebnis wochenlanger Vorarbeit (ich musste die Spinne erst dazu bewegen, an gut sichtbarer Stelle ihr Netz zu bauen) und zeigt den genauen Ablauf.

Die Dreiecksspinne kommt in Mitteleuropa vor allem in Fichtenwäldern der Mittelgebirge vor.

Episinus angulatus in Tarnstellung auf Heidekraut. Die Tiere sind so oft praktisch unsichtbar.

Episinus angulatus

Theridiidae (Kugelspinnen)

Diese kleine Spinne ist eigentlich keine Radnetzweberin, sondern gehört zu den Kugel- oder Haubennetzspinnen, die erst im folgenden Kapitel vorgestellt werden. Im Gegensatz zu den anderen Arten dieser Familie, die chaotisch anmutende Netze mit in alle Richtungen verlaufenden Fäden errichten, baut *Episinus* eines der einfachsten und elegantesten Netze überhaupt – darum wurde sie in dieses Kapitel aufgenommen.

Ihr Netz besteht im Grunde aus vier H-förmig angeordneten Fäden; die Spinne sitzt in der Mitte, ein weiterer Faden entspringt aus ihren Spinnwarzen. Die unteren beiden Fäden sind am Boden befestigt. Zwar sind alle acht Beine in Kontakt mit verschiedenen Teilen des Netzes, doch tragen vor allem die Hinterbeine das Gewicht der Spinne. Berühren krabbelnde Insekten wie Ameisen einen der beiden unteren klebrigen Fäden (die Leimtröpfchen sind rechts im Bild zu erkennen), stürzt sich die Spinne augenblicklich auf die Beute.

Auch äußerlich heben sich die *Episinus*-Arten von anderen Kugelspinnen ab: Der Hinterleib ist vorne schmal und trägt am verbreiterten Hinterende zwei kegelförmige Fortsätze. Die Tiere sind natürlich in ihrem bodennahen Lebensraum nur schwer zu entdecken, denn sie sind mit 3 bis 4 Millimetern nicht nur klein, sondern in Farbe und Form auch gut getarnt, da sie einem baumelnden Stückchen Laub ähneln. Das minimalistische Netz ist ebenfalls kaum auszumachen, wenn man es nicht gerade im Gegenlicht zu sehen bekommt – was in dieser Höhe sehr unwahrscheinlich ist. Selbst unter fast künstlichen Bedingungen mit kontrollierter Beleuchtung konnte ich es kaum sichtbar machen.

In Mitteleuropa gibt es drei *Episinus*-Arten, die allerdings nicht besonders häufig sind.

➤ *Episinus* in ihrem schlichten, H-förmigen Netz.

7

Fallensteller: Chaotische Netze

Die **Aufnahme «chaotischer» Netze** in dieses Kapitel folgt nicht unbedingt wissenschaftlichen Regeln, und solche Netze lassen sich auch nicht immer bestimmten Spinnenfamilien zuordnen. Manchmal bauen Radnetzspinnen Netze ohne erkennbares System – so etwa junge Kürbisspinnen *(Araniella cucurbitina)* –, während die Deckennetze der Baldachinspinnen (Linyphiidae) nicht im Entferntesten chaotisch sind. Generell sind nur wenige Netze so «unordentlich», wie sie uns erscheinen mögen; die Natur hat stets gute Gründe dafür, eine bestimmte Form zu wählen.

Als besonders nachlässig empfinden wir das Netz der Großen Zitterspinne *(Pholcus phalangioides)*, und dass sich darin Staub und Schmutz ansammeln, macht die Sache nicht besser. Auch die Netze der Kräuselspinnen (Dictynidae) erscheinen oft unordentlich. Sie sind vielfach auf trockener oder welkender Vegetation gebaut und bestehen aus dichter Cribellumwolle, die täglich ergänzt wird. Die Spinne lebt in der Mitte des Netzes, geschützt durch das immer dichter werdende Gewebe.

Die Kugelspinnen (Theridiidae) bauen unregelmäßige Netze, deren wechselnde Struktur aber präziser ist, als ein flüchtiger Blick vermuten lässt. Diese Konstruktionen nennt man auch «Haubennetze». Den Mittelpunkt des Bauwerks bildet oft ein Gewirr aus Fäden, häufig aus sechseckigen Maschen, oder eine offene Fläche aus lockerem Fadenwerk. Der Fangmechanismus beruht darauf, dass Leimtröpfchen auf strategisch angeordneten Fäden platziert werden; deren Verteilung richtet sich danach, ob sich krabbelnde oder fliegende Insekten im Netz verfangen sollen. Krabbelnde Insekten sind die Hauptbeute vieler Kugelspinnenarten, so auch von *Steatoda nobilis*, die ihre Falle an einer Mauer, einem Fenster oder nahe am Boden baut. Stolpert ein Insekt in einen der elastischen Klebfäden an der Basis, reißt dieser, zieht sich zusammen und hebt das Insekt empor. So kann die Spinne ihre Beute Stück für Stück heranziehen. Noch aus sicherer Entfernung schleudert sie weitere Klebfäden über die Beute. Ist diese ausreichend fixiert, wird sie schließlich ins Bein gebissen. Kugelspinnen machen oft Beute, die beträchtlich größer ist als sie selbst, auch wehrhafte Insekten wie Wespen zählen dazu.

Ihre verhältnismäßig schwachen Cheliceren kompensieren die Kugelspinnen mit ihrem starken, schnell wirkenden Gift. Anders als Radnetzspinnen, die ihre Beute zu

◄ Jungspinne vor dem Fadenflug.

kleinen Bissen zerkauen, saugen sie ihre Opfer aus und lassen nur eine dürre Hülle übrig.

Im Vergleich zu Radnetzen mögen die Deckennetze der Baldachinspinnen (Linyphiidae) chaotisch wirken, doch bauen viele Arten geradezu gewitzte, effektive Netze, deren Schönheit vor allem im Morgentau erkennbar ist. Viele bestehen aus einer Plattform (Netzdecke) mit haubenförmigen Überbau und bilden konkave oder konvexe Bögen und Kuppeln. Mit den «Stolperfäden» im oberen Netzteil kollidierte Insekten fallen auf die Netzdecke, und die darunter lauernde Spinne eilt sofort herbei.

Spinnenfamilien dieser Gruppe

Die meisten Spinnen der Familie **Theriidae** (**Kugelspinnen**) sind klein bis mittelgroß und haben den typischen glänzenden, kugelrunden Hinterleib; die Beine sind kurz. Sie besitzen zwar nur kleine Cheliceren, dafür aber wirksames Gift, wie die Schwarzen Witwen (Gattung *Latrodectus*) unter Beweis stellen.

Die Tiere bauen meist charakteristische Haubennetze (siehe aber Seite 138). Zudem tragen sie an den Tarsen des hinteren Beinpaares einen Borstenkamm, der aber mit bloßem Auge – besonders bei adulten Männchen oder kleineren Arten – kaum zu erkennen ist. Dieser Kamm dient dazu, klebrige Seide aus den Spinnwarzen zu ziehen und über die Beute zu schleudern.

Einige Arten produzieren bei der Partnerwerbung mit einem Stridulationsapparat hörbare Laute. Dazu reiben sie eine Art Reibeisen am hinteren Ende des Carapax gegen Chitinleisten auf der Vorderseite des Hinterleibes. In Mitteleuropa gibt es rund neunzig Kugelspinnenarten.

Die uns wohlbekannten **Pholcidae** (**Zitterspinnen**) bauen ihre scheinbar planlosen oder kuppelförmigen Netze oft in Häusern; viele der weltweit fast tausend Arten leben an verschiedensten dunklen Standorten, etwa in Höhlen oder unter umgestürzten Bäumen. Typische Vertreter sind leicht an den sehr langen, dünnen Beinen, dem relativ kleinen Körper und der Vorliebe für dunkle Winkel zu erkennen. Der Carapax ist fast kreisrund und ihre Augenstellung charakteristisch. In Mitteleuropa ist die Familie mit neun Arten vertreten.

Die **Dictynidae** (**Kräuselspinnen**) sind kleine «cribellate» Spinnen – sie besitzen also ein Spinnfeld (Cribellum) und einen Kräuselkamm (Calamistrum). Das Cribellum ist ein modifiziertes Spinnwarzenpaar, das dicke, visköse Seide produziert; diese wird mit einer Borstenreihe am Metatarsus (letztes Beinglied) der Hinterbeine, dem Calamistrum, zu einem breiten Band bläulicher Seide ausgekämmt. Insekten kleben daran nicht fest, sondern verfangen sich vielmehr darin. Allerdings sind beide Organe praktisch nur mit der Lupe zu erkennen.

Das Netz der Kräuselspinnen besteht aus einem unauffälligen Gespinst aus radiären Fäden, das sich von der Spitze niedriger Pflanzen wie Grasbüscheln oder Sträuchern nach unten erstreckt. Die radiären Fäden tragen wiederum Kräuselfäden, in denen sich die Beine oder Flügel von Insekten verfangen, die übrigens oft deutlich größer sind als die Spinnen. Diese beißen ihre Beute mehrfach in die Beine, bis deren Gegenwehr aufhört; die Überreste früherer Opfer liegen oft um das Netz verstreut. Alle Kräuselspinnen sind nicht länger als sieben Millimeter; bei vielen ist der Hinterleib fein behaart.

Die meisten Arten dieser Familie leben in den gemäßigten Zonen der Nordhalbkugel; in Mitteleuropa sind es allerdings nur etwa 30.

Die **Linyphiidae** (**Baldachinspinnen**) sind mit etwa 490 Arten die häufigsten Spinnen Mitteleuropas. Die meisten Vertreter sind mit 1 bis 4 Millimetern Länge winzig und somit im Feld kaum zu identifizieren; zur genauen Bestimmung ist ein Mikroskop unerlässlich. Daher werden hier nur zwei der größeren Arten vorgestellt; das

Dieses wunderschön konstruierte Netz einer Baldachinspinne dient dem Fang tief fliegender Insekten.

Bild auf Seite 144 zeigt zudem eine nicht identifizierte Art.

Die Spinnen dieser Familie bauen zarte Deckennetze, oft mit Fangfäden darüber und darunter. Die Tiere hängen bauchoben unter dem Netz und greifen die Beute von unten an. Bei vielen Arten tragen die kleineren Männchen am Kopf bizarre Fortsätze, die bei der Partnerwerbung eine Rolle spielen.

Die kleinen Spinnen bleiben meist unbemerkt, doch bei günstiger Witterung – meist an warmen, sonnigen Herbsttagen – sieht man, wie die Landschaft von feinen, taubedeckten Netzen und unzähligen Spinnfäden überzogen ist. Solche Tage vermitteln einen Eindruck von der enormen Zahl an Spinnen um uns, die wir normalerweise nicht wahrnehmen, und besonders die Baldachinspinnen sind dafür verantwortlich.

Die winzigen Linyphiidae bedienen sich wie die Jungspinnen anderer Familien einer einzigartigen Form der «Luftfahrt». Sie alle packt der seltsame Drang, auf die Spitze einer Pflanze oder eines Zaunpfahls zu klettern. Dort stehen sie sozusagen auf Zehenspitzen und werfen einen Seidenfaden in den sanften Wind (siehe Seite 140). Der Luftstrom zieht noch mehr Seide hervor, und die Spinnchen werden vom Wind mitgenommen. So können Spinnen Hunderte von Metern

Eine typische Baldachinspinne.

in neue Lebensräume vordringen oder bei ausreichend starkem Wind auch große Distanzen erstaunlich schnell bewältigen. Manchmal trägt es die kleinen Ballonfahrer Hunderte Meter in die Höhe, über Berge und Meere hinweg bis auf abgelegene Inseln. So wurde Charles Darwin während seiner Reise auf der «Beagle» Zeuge der Ankunft Tausender Spinnen, und das hundert Kilometer vor der Küste.

Weibchen von *Enoplognatha ovata* in der häufigsten Farbvariante.

Enoplognatha ovata

Theridiidae (Kugelspinnen)

Diese hübsche helle Kugelspinne ist in ganz Mitteleuropa sehr verbreitet und wurde sogar in Nordamerika eingeschleppt. Von mehreren Farbvarianten ist die gezeigte blass gelbgrüne die häufigste; andere, seltenere Varianten sind noch hübscher, etwa mit einem einzelnen breiten roten Längsstreifen mitten über dem Hinterleib oder mit zwei schmaleren hellroten Streifen auf jeder Seite. Die paarigen schwarzen Punkte sind stets vorhanden. Die vergrößerten, schräg stehenden Cheliceren der Männchen sind mit Zähnchen besetzt.

Das kugelspinnentypische, dreidimensionale Netz wirkt wie ein scheinbar chaotisches Gewirr aus Spinnfäden. Meist ist es in niedriger Vegetation oder im Gebüsch gebaut; die Spinne sitzt wartend daneben. Trotz ihrer zarten Erscheinung nimmt *E. ovata* es durchaus mit großer, wehrhafter Beute auf, die manch größere Spinne schleunigst freigeben würde. Sobald ein Insekt die elastischen Klebfäden berührt, kommt die Spinne hervor und schleudert klebrige Fäden über die Beute, auch wenn es sich um bedrohliche Wespen oder Hummeln handelt! Die wagemutige Spinne scheut nicht einmal davor zurück, anderen Spinnen ihre Beute zu stehlen oder sie sogar in den eigenen Netzen anzugreifen – zweifellos dank des besonders wirksamen Giftes, über das diese Familie verfügt.

Diesem jagdlüsternen Verhalten steht eine Eigenschaft gegenüber, die die meisten Kugelspinnen an den Tag legen: die Fürsorge für die eigenen Eier und Nachkommen. *E. ovata* bewacht ihren bläulichen Eikokon, bis sie zu Beginn des Winters stirbt; die Jungspinnen schlüpfen erst im Frühling.

Gewächshausspinne mit erbeuteter Stubenfliege. Man beachte die aus den Spinnwarzen tretende Seide.

Achaearanea tepidariorum
(Gewächshausspinne)
Theridiidae (Kugelspinnen)

Die Fachleute sind sich uneins, woher diese Spinne eigentlich stammt; am wahrscheinlichsten wohl aus Mittel- und Südamerika. Bis heute konnte diese erfolgreiche Art sich jedenfalls über den ganzen Erdball ausbreiten, mancherorts ist sie sehr häufig. Meist lebt sie in der Nähe des Menschen, in dunklen Hausecken, unter Möbeln, in Schuppen und an Zäunen. In Mitteleuropa kann sie nur an warmen Orten wie beheizten Gewächshäusern überleben, im wärmeren südlichen Regionen lebt sie auch im Freien.

Die Weibchen der unscheinbaren, dunkelbraun bis schmutzig orangefarbenen Art werden 5 bis 6 Millimeter lang; die Vorderbeine sind dreimal so lang wie der Körper. Das «unordentliche» Netz hängt oft voller Staub, und die Spinne versteckt sich manchmal unter einer Feder oder Blattstückchen. Oft leben Männchen und Weibchen friedlich in einem Netz zusammen. Die Tiere fangen alle möglichen Insekten (auch große Beute wie Grillen und Schaben) und sogar andere Spinnen, die sich in ihrem klebrigen Gespinst verfangen.

◄ Junge Gewächshausspinnen kurz vor Verlassen des Eikokons.

Steatoda nobilis an ihrem Netz.

Steatoda nobilis

Theridiidae (Kugelspinnen)

Wie die Schwarze Witwe hat auch *Steatoda nobilis* einen kugelig aufgetriebenen Hinterleib; dieser trägt beim Weibchen jedoch eine helle, goldfarbene Zeichnung und ist hell umrandet. Voll ausgewachsene Weibchen sind 7 bis 14 Millimeter lang.

Der Ruf dieser großen Kugelspinne ist nicht der allerbeste – sie reagiert nicht nur aggressiv, wenn man sie bedrängt, sondern ihr Biss ist auch leicht giftig. Erschwerend kommt hinzu, dass sie sich immer mehr ausbreitet und dabei menschliche Behausungen vorzieht. Ihr Biss führt zu Taubheitsgefühl und ähnlichen Schmerzen wie ein Wespen- oder Bienenstich; beides hält ein bis zwei Tage an.

S. nobilis wurde bei uns von den Kanaren und Madeira eingeschleppt und breitet sich zunehmend aus. Man findet sie in wärmeren Gebieten, und mit der globalen Erwärmung wird sie weiter nach Norden wandern. Das abgebildete Exemplar fand ich an der Außenmauer der Chichester Cathedral in Südengland.

Eine Schwarze Witwe. Am Bauch sichtbar die rote «Sanduhr».

Latrodectus mactans (Schwarze Witwe)

Theridiidae (Kugelspinnen)

Kommen wir nun zu einer Spinne, die von vielen Menschen gefürchtet wird: der Schwarzen Witwe. Selbst ihr wissenschaftlicher Name verheißt nichts Gutes (lateinisch *mactare* heißt «töten, zugrunde richten»). Tatsächlich aber ist die Schwarze Witwe eher scheu und flüchtet lieber, statt anzugreifen. Sie lebt nur eben ausgerechnet an solchen Stellen, die Menschen mit den Fingern oder anderen Körperteilen berühren – in und an Gebäuden, Scheunen und Aborten, in dunklen, feuchten Spalten zwischen Holz oder Steinen, in Gruben für Wasseruhren und in leeren Gießkannen. Um nicht zerdrückt zu werden, verteidigt sie sich mit einem Biss und injiziert dabei ein starkes Neurotoxin, das bei Betroffenen heftige Bauchschmerzen, schwere Muskelkrämpfe, Spasmen, Atemnot, Krampfanfälle, Lähmung und einen Schock auslösen kann.

Die Gattung *Latrodectus* (Schwarze Witwen) ist weltweit mit mehreren Arten vertreten, die teils einheimische Namen erhalten haben, wie in Südeuropa die Malmignatte, *redback* in Australien und *katipo* in Neuseeland. Am bekanntesten aber ist die hier beschriebene *black widow* Nordamerikas. Je nach Alter und Ort zeigt sie starke Variationen in Farbe und Zeichnung. Generell gibt es eine nördliche und eine südliche Form. Beider Weibchen sind 8 bis 12 Millimeter lang und haben einen schwarz glänzenden, kugelrunden Hinterleib, der an der Unterseite eine typische Zeichnung in Gestalt einer Sanduhr und an den Spinnwarzen einen roten Fleck trägt. Die nördliche Form hat außerdem eine Reihe roter Flecken auf dem Rücken. Die Männchen sind deutlich kleiner und für Menschen ungefährlich.

Das Netz dieser Kugelspinne ist ein Fadengewirr, das die familientypische Taktik verfolgt; im oberen Teil baut sich die Spinne jedoch eine typische kegelförmige Retraite.

Pholcus phalangioides
(Große Zitterspinne)
Pholcidae (Zitterspinnen)

Wenn es unter den Spinnen einen Kosmopoliten gibt, dann ist es wohl diese Art. *Pholcus phalangioides* ist in der ganzen Welt zu finden, also auch in ganz Europa – eigentlich überall dort, wo es so warm ist, dass sie überleben und sich fortpflanzen kann. Dennoch ist diese «Allerweltsspinne» keineswegs langweilig, wie wir gleich erfahren werden.

Sie braucht Durchschnittstemperaturen über zehn Grad Celsius. Bei flüchtigem Hinsehen kann sie mit einer Schnake, vor allem aber mit einem Weberknecht verwechselt werden.

Pholcus phalangioides ist ein Mitbewohner unserer Häuser und schätzt dort vor allem ungestörte Orte wie Keller, wenig benutzte Räume, Winkel und Ecken, besonders aber Zimmerdecken, wo die Bedrohung durch den Staubsauger nicht ganz so unmittelbar ist. Derlei Standorte sind oft fernab jeder Wasserquelle, und so kommt die Spinne denn auch lange ohne Wasser aus.

Die Zitterspinne ist sehr unauffällig. Sie ist nicht nur spindeldürr, sondern bewegt sich auch kaum. Lieber sitzt sie unbeweglich in einer Ecke, um unentdeckt zu bleiben. Leider sammelt sich in ihrem Netz, einem chaotischen, aber dezenten feinen Gespinst, mit der Zeit Staub an, und so wird es oft mitsamt der Spinne von ordnungsliebenden Hausbesitzern zerstört. Bei Störungen wird das sonst so träge Tier sehr aktiv und beginnt, sich sehr schnell zu bewegen, dadurch wird sein Netz in so schnelle Schwingungen versetzt, dass es praktisch unsichtbar wird – eine einzigartige Technik, um Feinde zu überlisten.

Die Jagdstrategie der Spinne ist besonders interessant. Sie sitzt manchmal tagelang regungslos da, bis Beute vorbeikommt – und was sie da erbeutet, mag überraschen. Die zarte Spinne hat sich auf andere Spinnen spezialisiert, auch auf größere Arten wie die beeindruckende Große Winkelspinne (*Tegenaria atrica*). In Nordamerika scheut sie nicht einmal vor der Schwarzen Witwe zurück! Natürlich ist sie auch mit Fliegen und anderen Insekten zufrieden, die ins Haus

◂ Zitterspinne in typischer häuslicher Umgebung.
▸ Zitterspinne mit erbeuteter Winkelspinne.

Zitterspinne mit gerade geschlüpften Jungen.

kommen; man sollte sie also eher fördern als bekämpfen. Der Nutzen ihrer langen Beine zeigt sich, wenn die Zitterspinne große Beute gemacht hat. Sie zieht dann Fäden aus ihren Spinndrüsen und schleudert sie aus sicherer Entfernung über ihr Opfer. Dann nähert sie sich so weit, dass sie mit ihren winzigen Cheliceren einen Biss anbringen und eine kleine Menge hochwirksames Gift injizieren kann. Im Winter, wenn es weniger Beute gibt, wird *Pholcus* aktiver und unternimmt im Haus Jagdausflüge. Herrscht großer Mangel an Beute, schrecken die Tiere auch vor Kannibalismus nicht zurück.

Das Werbe- und Paarungsverhalten der Spinnen wirkt auf uns oft befremdlich, und bei dieser Art ist es nicht anders. Auch hier setzt das Männchen vor der Paarung ein Tröpfchen Samenflüssigkeit auf einem kleinen Netz ab und nimmt es mit den Cheliceren auf, bevor es das Sperma in einen speziellen Hohlraum in den Pedipalpen einsaugt. Damit wird das Sperma, wie bei Spinnen üblich, in die Epigyne des Weibchens verbracht, das es bis zur Eiablage speichert.

Das Weibchen trägt sein rundes, von Spinnfäden zusammengehaltenes Eipaket mit den Cheliceren umher, bis die Jungen nach zwei bis drei Wochen schlüpfen. Diese hängen dann etwa zehn Tage regungslos wie Wäsche auf der Leine, bis sie eigene Wege gehen.

Psilochorus simoni sitzt bauchoben unter ihrer Netzplattform.

Psilochorus simoni

Pholcidae (Zitterspinnen)

Diese Zitterspinne wurde nach Mitteleuropa eingeschleppt und war zunächst ein typischer Bewohner von Kellergewölben; heute hat sie auch manches Gewächshaus und Gartencenter erobert. Sie ist kleiner als *Pholcus phalangioides* und baut ein regelmäßigeres, kuppelförmiges Netz.

Dictyna arundinacea (links) und ihr typisches wirres Netz (rechts).

Dictyna arundinacea

Dictynidae (Kräuselspinnen)

Dieses 3,5 Millimeter große Spinnchen ist in Europa weit verbreitet, bleibt aber oft unbemerkt. Bei näherer Betrachtung mit der Lupe erkennt man ein pummeliges, samtig-braunes Tier. Weibchen und Männchen teilen oft ein Netz und jagen zusammen.

Spuren dieser Spinnen findet man am besten an breiten Straßenrändern oder auf ungemähten Wiesen frühmorgens im Herbst, wenn der Tau im Schein der Morgensonne in jedem noch so kleinen Netz märchenhaft funkelt.

Linyphia triangularis in charakteristischer Haltung.

Linyphia triangularis

Linyphiidae (Baldachinspinnen)

Mit etwa sechs Millimetern ist *Linyphia triangularis* eine der größten Arten in der großen Familie der Baldachinspinnen. Sie ist in Mitteleuropa im Spätsommer und Herbst sehr häufig und fast an allen Pflanzen zu finden, die das große Netz tragen können.

Die Spinne ist eine der wenigen Linyphiiden, die sich schon im Feld gut bestimmen lassen, denn ihr Hinterleib trägt eine typische Zeichnung. Von der Seite gesehen – und so bekommt man sie meist zu Gesicht – wirkt die bräunliche Spinne etwas buckelig. Seitlich am Hinterleib verlaufen dunkle und weiße Schrägstreifen. Der Carapax zeigt auf der Oberseite eine charakteristische stimmgabelförmige Zeichnung. Das Männchen besitzt lange, schräg stehende Cheliceren und lauert meist im Hintergrund.

Wie die meisten Baldachinspinnen sitzt *Linyphia triangularis* bauchoben an der Unterseite der Netzdecke und wartet darauf, dass Insekten hinabfallen, die mit dem darüberliegenden Fadengewirr kollidiert sind. Dann eilt sie an die Stelle, beißt sich durch die Decke und zieht ihre Beute herab.

Auf Baumrinde ist *Drapetisca socialis* nahezu unsichtbar.

Drapetisca socialis
(Graue Waldbaldachinspinne)
Linyphiidae (Baldachinspinnen)

Diese Spinne ist besonders interessant, weil sie gesellig lebt. Die Tiere laufen flink im Zickzack an Baumstämmen (meist Buchen) umher und jagen dort Blattläuse und andere Kleininsekten. Die Spinne ist so gut getarnt, dass sie praktisch unsichtbar ist, wenn sie sich nicht gerade bewegt.

Sie wird zwar zu den Baldachinspinnen gezählt, doch war bis vor Kurzem gar nicht bekannt, dass die Art überhaupt ein Netz baut. Wie wir heute wissen, ist dieses so zart und so dicht an der Rinde gesponnen, dass es nur bei Gegenlicht im richtigen Winkel sichtbar ist. Die Spinne scheint zwar auf der Rinde zu laufen, tatsächlich aber haben alle acht Beine Kontakt zu den feinen Netzfäden – das Foto rechts lässt dies erahnen.

Baldachinspinnen wirken meist klein und farblos, doch bildet diese Art eine Ausnahme, denn ihr Hinterleib ist dezent farbig gezeichnet; dies ist jedoch erst mit der Lupe erkennbar. *Drapetisca socialis* ist in Mitteleuropa weit verbreitet.

➤ Das Netz dieser kleinen Spinne ist nur aus flachem Blickwinkel und bei Gegenlicht sichtbar.

8

Trichter und Röhren

Die Spinnen einiger Familien bauen röhrenförmige Schlupfwinkel, vor deren Eingang sich ein ring- oder deckenförmiges Netz ausbreitet – die Große Winkelspinne *(Tegenaria atrica)* ist dafür ein gutes Beispiel. Während diese eine einfache, leicht trichterförmige Decke webt, spannen andere wie die Labyrinthspinne *(Agelena labyrinthica)* über dem eigentlichen Netz noch ein Gewirr aus senkrechten Fäden, um springende oder fliegende Beutetiere zu fangen. Sobald die Spinne eine Erschütterung verspürt, kommt sie blitzartig auf die Netzoberseite, wickelt ihr Opfer ein und zieht es in ihre röhrenförmige Retraite. Die Spinnen anderer Familien, etwa *Segestria* und *Amaurobius*, verstecken sich in einem mit Seide ausgekleideten Mauer- oder Baumloch, von dem einzelne Fäden oder ein Maschennetz ausstrahlen. Die Tiere warten geduldig, bis ein Beutetier die Fangfäden berührt, und schießen dann hervor. Die meisten Arten sind eher nachtaktiv.

Die berüchtigtsten Spinnen der Welt, die australischen Röhrenvogelspinnen der Gattung *Atrax*, lauern ebenfalls, allerdings in einer unterirdischen, mit Seide ausgesponnenen Röhre. Sie gehören jedoch zu einer ganz anderen Spinnengruppe, nämlich zu den Vogelspinnen (Infraordnung Mygalomorphae).

Spinnenfamilien dieser Gruppe

Spinnen der Familie **Agelenidae (Trichternetzspinnen)** zeichnen sich durch lange, haarige Beine und lange Spinnwarzen aus. Sie bauen aus nicht klebriger Seide Trichternetze mit einer flachen Netzdecke zum Beutefang und einer oft verborgenen Gespinströhre in einer Ecke. Läuft ein Insekt über die Netzdecke, schießt die Spinne aus ihrem Schlupfwinkel hervor und zerrt die Beute herein. Mehrere größere Arten bewohnen – sehr zum Leidwesen der Besitzer – dunkle Ecken in Wohnhäusern. Trichternetzspinnen sind vor allem nachtaktiv, reagieren aber auch tagsüber auf Beute. In Mitteleuropa gibt es etwa zwanzig Arten dieser Familie.

◄ Eine Hauswinkelspinne mit Beute.

Eingang zur Wohnröhre einer Fischernetzspinne mit typischen radiären Signalfäden.

Die **Amaurobiidae** (**Finsterspinnen**) leben im Erdreich und in Hohlräumen. Meist findet man sie in Spalten an Gebäuden, unter Gestein, in Baumrinde oder an Totholz. Die meisten Arten bauen eine röhrenförmige Retraite aus weicher Cribellumwolle, von deren Eingang Signalfäden ausstrahlen. In Mitteleuropa sind etwa zwanzig Arten heimisch.

Die langen, walzenförmigen Körper der **Segestriidae** (**Fischernetzspinnen**) sind an das Leben in langen, engen Gespinströhren bestens angepasst. Diese Röhren zeigen im Eingangsbereich ein feines Netz mit radiär verlaufenden Signalfäden. Da die Tiere ihr Leben in engen Röhren verbringen, ist nur das hinterste Beinpaar nach hinten gerichtet, die anderen drei Paare weisen nach vorn. Wenn sie auf Beute lauern, sitzen die Spinnen am Eingang der Gespinströhre und strecken das vordere Beinpaar bis an deren Rand vor. Sobald ein kleines Tier einen Signalfaden kontaktiert, streckt die Spinne für einen Moment zwei weitere Beinpaare vor, um zu ertasten, aus welcher Richtung das Signal kommt. Dann packt sie zu. Um sich vor Stichen von wehrhaften Insekten wie Wespen und Bienen zu schützen, zerrt die Spinne ihre Beute am Rücken in ihre Röhre, sodass das Tier gekrümmt ist und Kopf und Hinterleib von der Spinne abgewandt sind.

Die Fischernetzspinnen sind eng mit den Sechsaugenspinnen (Dysderidae) verwandt; auch sie haben nur sechs Augen. In Mitteleuropa sind sie mit nur drei Arten vertreten.

Eine Große Winkelspinne *(Tegenaria atrica)* lugt aus ihrem Versteck.

Fast ausschließlich in den Tropen zu finden sind die großen, kräftigen und haarigen Vertreter der **Theraphosidae (Eigentliche Vogel- oder Buschspinnen)**. Abgesehen von zwei Arten in Spanien und Portugal kommen sie in Europa nicht vor; in den wärmeren US-Südstaaten dagegen gibt es mehrere Arten. Die meisten Spinnen dieser Familie beeindrucken schon allein durch ihre Größe, wogegen sie im Hinblick auf die Jagdmethoden und Vielfalt der Lebensräume mit den Eigentlichen Webespinnen nicht mithalten können.

Vogelspinnen sind die größten Spinnen der Welt und werden wegen ihrer Größe und starken Behaarung auch besonders gefürchtet. Von wenigen tatsächlich gefährlichen Arten abgesehen, sind sie jedoch recht friedfertig und beißen nur, wenn man sie sehr provoziert. Der Biss hat dann kaum mehr Auswirkungen als ein Bienenstich.

Vogelspinnen halten sich tagsüber in mit Seide ausgesponnenen Wohnröhren im Erdreich auf und erscheinen abends am Eingang, um auf Beute zu lauern. Nur selten entfernen sie sich weiter von ihrem Bau, allerdings begeben sich Männchen auf die Suche nach Weibchen. Viele spannen Stolperfäden rund um ihre Wohnröhre, um nahe Beute zu registrieren. Dies gilt als evolutionär gesehen älteste Methode, mithilfe von Seide Beute zu fangen.

Ein Männchen von *T. atrica* hat sich in einer Badewanne gefangen.

Tegenaria atrica (Große Winkelspinne)

Agelenidae (Trichterspinnen)

Von allen Spinnen in unseren Breiten hat die Große Winkelspinne wohl den schlechtesten Ruf. Die Vertreter diese Gattung sind meist groß, dunkel, haarig und zudem äußerst schnell. Ich kenne drei ausgewiesene Spinnenexperten, die sich vor ihr gruseln – ich teile ihr Empfinden, denn als Vierjähriger wurde ich von einem Exemplar gebissen (es war nur ein kleiner Pikser).

Interessanterweise haben die Tiere umso weniger Energie, je größer sie sind; ein ausgewachsenes Exemplar kann nur etwa zwanzig Sekunden lang mit Höchstgeschwindigkeit laufen und bricht dann erschöpft fast zusammen. Sehr kleine Spinnen können dagegen stundenlang unterwegs sein. Das liegt daran, dass der Atmungs- und Kreislaufapparat der Tiere mit zunehmender Größe ineffektiver wird und nicht mehr alle Gewebe ausreichend mit Sauerstoff versorgt werden.

In Mitteleuropa gibt es 13 ähnliche Arten der sogenannten Haus- oder Winkelspinnen, doch nur zwei oder drei leben regelmäßig in Wohnhäusern, wo sie die meiste Zeit brav in ihren Netzen sitzen. Im Herbst spaziert vielleicht gelegentlich ein Exemplar über Ihren Teppich – höchstwahrscheinlich ist es dann ein Männchen von *T. atrica* auf der Suche nach einer Partnerin. Die meisten anderen Arten leben im Freiland unter Steinen, an Baumstämmen oder dichter Vegetation. Sie sind zumeist kleiner als *T. atrica*.

Eine Ausnahme von dieser Größenregel gibt es: Die Mauerwinkelspinne (*Tegenaria parietina*). Das Weibchen kann bis zu zwanzig Millimeter lang werden, seine Beine überspannen bis zu zehn Zentimeter. Zum Glück begibt sich diese Spinne nur selten ins Haus; sie lebt lieber draußen an alten Gebäuden. Wie die meisten Trichternetzspinnen baut sie große Deckennetze, die in trichterförmige Verstecke münden. Darin sitzt sie, meist in dunklen Winkeln, und lauert auf Beute.

Die Labyrinthspinne überwältigt einen Schmetterling.

Agelena labyrinthica (Labyrinthspinne)

Agelenidae (Trichternetzspinnen)

Wie die nahe verwandten Winkelspinnen verbringt die Labyrinthspinne ihre Zeit hauptsächlich am Eingang ihrer trichterförmigen Retraite und begibt sich nur auf die große Netzdecke, um Beute zu fangen oder sich zu paaren.

Das auffällige Netz wird in niedriger Vegetation gebaut, meist im Gras oder Gebüsch, und ist besonders im Juli und August vielerorts zu sehen. Seine Konstruktion ist ausgefeilter, als es auf den ersten Blick scheint. Zwar ist es nicht klebrig, doch hält der Überbau aus Stolperfäden fliegende oder hüpfende Insekten effizient fest und lässt sie auf die Netzdecke fallen. Die verläuft aufwärts wie eine Hängematte und lenkt die Beute in die Mitte. Erstaunlich, wie schnell sich die Spinne selbst in diesem Fadengewirr bewegen kann, um ein gefangenes Insekt zu überwältigen, das seinerseits wie durch Sirup watet. Nach einigen Bissen schleppt *Agelena* die Beute in ihre Wohnröhre und verspeist sie.

Die Paarung erfolgt auf dem Netz; das Männchen darf danach bis zu seinem Tod beim Weibchen bleiben. Im August schließlich verlässt das legereife Weibchen das Netz und baut in der Nähe ein neues Heim, das ein Labyrinth von Kammern umfasst, Hier legt es seine Eier ab und bleibt bei den Jungspinnen, bis es seinerseits stirbt.

Agelena labyrinthica ist in Mitteleuropa weit verbreitet.

➤ Netz der Labyrinthspinne.

Amaurobius similis, A. ferox (Kellerspinne)

Amaurobiidae (Finsterspinnen)

Wer noch keine Spinne der Gattung *Amaurobius* gesehen hat, sollte einmal den nächsten Zaun oder die nächste alte Mauer näher betrachten und nach den typisch «unordentlichen» Gespinsten suchen, die ihre runde Wohnröhre umgeben. Das frische Netz sieht aus wie bläuliche Spitze. Die Tiere schätzen auch dämmrige Orte wie Keller, Schuppen und Hohlräume unter Rinde und Steinen.

Will man diese Finsterspinnen und ihre Jagdtechnik beobachten, macht man sich am besten im Dunkeln mit einer Taschenlampe und einer Stimmgabel auf den Weg. Berührt man das Netz mit der vibrierenden Stimmgabel, schießt das im Versteck lauernde Tier meist hervor, untersucht den Eindringling und packt die Stimmgabel womöglich mit den Cheliceren. Die gedrungene Spinne hat oft eine dunkle Zeichnung in Schädelform auf dem Hinterleib, die ihr ein unheimliches Aussehen verleiht.

Zwar sind die Tiere vornehmlich nachtaktiv, doch reagieren sie tags wie nachts auf Beute und ziehen sie in ihre Höhle. Sie erbeuten alle Insekten, die auf das Netz geraten, darunter Fliegen, Ohrwürmer und Nachtfalter. Das gezeigte Exemplar habe ich entdeckt, weil ich das Summen einer Wespe hörte, die sich verzweifelt aus ihrem Netz zu befreien versuchte.

Außer am generellen Erscheinungsbild sind *Amaurobius*-Arten an ihrem Cephalothorax zu erkennen, dessen dunkler Vorderteil erhoben und glänzend ist; der hintere Teil ist heller. Wer es fertigbringt, ein Exemplar auf seiner Hand mit der Lupe zu betrachten, wird feststellen, dass es eben oberhalb der Spinnwarzen ein Spinnfeld (Cribellum) besitzt sowie einen doppelreihigen Kräuselkamm (Calamistrum) am Metatarsus der Hinterbeine.

Amaurobius similis überwältigt eine Assel.

Die Männchen sind im Spätsommer reif und verlassen dann, wie Winkelspinnen, manchmal ihre Netze, um Partnerinnen zu suchen. In Mitteleuropa gibt es acht Arten der Gattung, die sich alle äußerlich ähneln. *A. similis* ist verbreitet und häufig; die Kellerspinne (*A. ferox*) ist etwas größer und dunkler und lebt bevorzugt unter Steinen und Totholz an Mauern und Zäunen.

◄ *Amaurobius ferox* verlässt am Abend ihre Wohnröhre.

Diese Fischernetzspinne rast so schnell in ihre Wohnröhre zurück, dass ihr Körper verdreht erscheint.

Segestria florentina

Segestriidae (Fischernetzspinnen)

Eine der furchterregendsten Spinnen, denen man in Mitteleuropa begegnen kann, ist diese nachtaktive Fischernetzspinne. *Segestria florentina* ist groß – ihr Körper wird mit 24 Millimetern länger als der auch der größten Hauswinkelspinne.

S. florentina ist die größte von drei europäischen Arten dieser Gattung. Sie lebt in einer mit Gespinst ausgekleideten Wohnröhre in Löchern und Spalten alter Mauern und Bäume. Am Eingang sind etwa ein Dutzend radiär angeordneter, starker Signalfäden gespannt, wie auf Seite 160 zu sehen. Um einen Blick auf das Tier zu werfen, streicht man am besten mit einem Grashalm über einen dieser Fäden, woraufhin die Spinne wie der Blitz aus ihrer Röhre geschossen kommt, kurz ihre grün schimmernden Cheliceren fletscht und wieder verschwindet. Das Ganze geht so schnell, dass man das Aussehen der Spinne gar nicht richtig erkennen kann. Ein Foto kann hier weiterhelfen, doch selbst das oben gezeigte Bild – aufgenommen mit einer Dreitausendstelsekunde Belichtungszeit – konnte nicht alle Bewegungen einfangen.

Um die Spinne etwas länger betrachten zu können, kann man den Eingang der Retraite mit einem Stöckchen blockieren, bevor sie wieder zurückkehrt, doch dazu braucht es schnelle Reaktionen und starke Nerven. Gelingt dies, wird das Tier heftig in das Hindernis beißen, um wieder in seine Röhre zu kommen. Ich gebe offen zu, dass

Segestria lauert am Eingang der Wohnröhre auf Beute.

ich es kaum fertigbrachte, dieses Bild zu machen, geschweige denn, den Eingang zu blockieren! Jede Beute, die einen der Signalfäden berührt, weiß sicher gar nicht so schnell, wie ihr geschieht.

Diese Art ist in Südeuropa verbreitet und äußerst vereinzelt auch in Süddeutschland anzutreffen. Mit Frachtschiffen gelangte sie nach England, wahrscheinlich schon vor Jahrhunderten. Man findet sie dort in alten Hafenstädten wie Bristol, Exeter und London.

Brachypelma smithi bürstet ihre Haare aus.

Brachypelma vagans, B. smithi

Theraphosidae
(Eigentliche Vogel- oder Buschspinnen)

Die stattliche Schwarzrote Vogelspinne (*Brachypelma vagans*) gehört zur Infraordnung Mygalomorphae (Vogelspinnen), die sowohl die Falltür- und Tapezierspinnen als auch die größeren Eigentlichen Vogelspinnen umfasst. Sie wird 7,5 Zentimeter groß und ist ganz und gar schwarz, nur am Hinterleib sprießen lange rötliche Haare. Hinsichtlich ihres Lebensraumes ist sie nicht sehr wählerisch; ihr Verbreitungsgebiet reicht von den tropischen Regenwäldern Mittel- und Südamerikas bis in die semiariden Fels- und Buschlandschaften Floridas, wo sie eingeschleppt wurde. Wie die meisten Vogelspinnen ist *Brachypelma vagans* nachtaktiv und verbringt den Tag in einer unterirdischen Wohnröhre. Abends kommt sie hervor, um bodenbewohnende kleine Arthropoden und gelegentlich auch kleine Wirbeltiere zu erbeuten.

◄ *Brachypelma vagans.*

Viele Eigentliche Vogelspinnen der Neuen Welt, auch *Brachypelma*, verteidigen sich gegen Feinde, indem sie mit den Hinterbeinen mit kleinen Widerhaken versehene Brennhaare ausbürsten, die an ihrem Hinterleibsrücken wachsen. Das Foto oben zeigt die Mexikanische Rotknie-Vogelspinne (*Brachypelma smithi*) bei dieser Tätigkeit; die abgebrochenen Haare fliegen deutlich sichtbar in alle Richtungen. Sie reizen die Haut und vor allem Schleimhäute; geraten sie in die Augen, können sie vorübergehende oder bleibende Blindheit verursachen. *B. smithi* kommt nur in trockenen Regionen Mexikos vor, wo sie in unterirdischen Wohnröhren an Kakteen und Felsen lebt. Leider sind die Bestände bedroht, weil viele Tiere für die Terrarienhaltung gesammelt werden; wenn Sie Vogelspinnen halten wollen, achten Sie also darauf, dass die Tiere aus Zuchtbetrieben stammen.

9

Nonkonformisten

Die **«Nonkonformisten»** sind keineswegs eine nach wissenschaftlichen Gesichtspunkten zusammengestellte Gruppe, sondern vielmehr einfach eine bunte Truppe besonders ungewöhnlicher Spinnen aus verschiedenen Familien, die nicht so recht in die vorangegangenen Kapitel passen. Allen gemeinsam sind die besonders unkonventionellen Methoden, um Beute aufzuspüren und zu fangen.

Viele dieser Spinnen benutzen Netze in irgendeiner Form, andere verzichten darauf. Doch welche Technik sie auch immer anwenden – wie faszinierend wäre es, Zeuge der evolutionären Vorgänge zu sein, die diese Lebensformen hervorbrachten!

Spinnenfamilien dieser Gruppe

Nur wenige Spinnen haben eine so makabre Art des Beutefangs entwickelt wie die **Atypidae (Tapezierspinnen)**. Die großen, gedrungenen Spinnen gehören zu den Mygalomorphae und sind somit Verwandte der Vogelspinnen. Alle leben in Erdröhren, von denen ein strumpfähnlich langer, am Ende geschlossener Gespinstschlauch ausgeht, der bei manchen Arten ein Stück am Fuß eines Baumes oder Strauches emporführt. Die Spinnen entdecken ihre Beute über Vibrationen, die dieses Gespinst überträgt. In Mitteleuropa gibt es nur drei Arten der Tapezierspinnen.

Die samtigen, vogelspinnenähnlichen **Eresidae (Röhrenspinnen)** bauen meist eine Erdröhre, vor deren Eingang sich manchmal eine schlichte Netzdecke aus Cribellumwolle spannt. Über diese heimlichen Spinnen ist nur wenig bekannt. Sie sind ausschließlich in der Alten Welt zu finden und in Mitteleuropa mit nur drei Arten vertreten.

Zu den **Pisauridae (Jagd- oder Raubspinnen)** gehört unter anderem die Gattung *Dolomedes*. Deren Arten findet man meist in Wassernähe, wobei jede auf eine bestimmte Art von Feuchtgebiet spezialisiert ist. Ungewöhnlich ist, dass die Tiere eine semiaquatische Lebensweise haben; sie jagen in und auf dem Wasser sowie in der angrenzenden Vegetation. Sie zählen zu den größten und schönsten Spinnen Mitteleuropas. Mehr zu dieser Familie in Kapitel 2.

◄ Gerandete Jagdspinne mit Stichling.

Atypus affinis hat eine Assel gepackt. Ihre beiden Chelicerenklauen ragen aus dem Fangschlauch hervor.

Außer einer außerordentlichen Art, die ihr ganzes Leben im Wasser verbringt, ist über die Familie **Argyronetidae** (**Wasserspinnen**) wenig bekannt. Sie sind nahe verwandt mit den Trichternetzspinnen (Agelenidae).

Eine besonders bizarre Lebensweise und Erscheinung haben die **Scytodidae** (**Speispinnen**). Mit ihrem großen, hoch aufgewölbten und marmorierten Carapax, den dünnen Tastbeinen und den sechs in Zweiergruppen angeordneten Augen sind sie unverwechselbar. Sie sind insofern einzigartig, als sie ihre Beute durch Bespeien mit giftigem Leim aus ihren besonders geformten Chelicerenendgliedern fangen. Am bekanntesten ist die weltweit verbreitete *Scytodes thoracica*.

Als wahre Wölfe im Schafspelz kommen die **Mimetidae** (**Spinnenfresser**) daher. Wer würde wohl hinter diesen unauffälligen Spinnchen Kannibalen vermuten? Und farblos sind sie keineswegs – unter der Lupe erkennt man ein zartes braunes oder schwarzes Muster auf dem blassgelben Körper. Typisch für die Spinnenfresser sind die einzigartigen und auffälligen Stachelborsten an den Vorderbeinen; diese bestehen aus Reihen langer, gerader Stacheln, zwischen denen kürzere Borsten stehen. Viele Arten, darunter die Arten der Gattung *Ero*, tragen zudem ein oder zwei Paar Höcker auf dem Hinterleib.

Tapezierspinnenweibchen im Freien. Die gewaltigen, nach unten gerichteten Cheliceren sind typisch für Mygalomorphae.

Atypus affinis

Atypidae (Tapezierspinnen)

Diese seltene Tapezierspinne stellt hohe Ansprüche an ihren Lebensraum. Sie gedeiht nur in bestimmten geeigneten Graslandschaften, meist unbeschattete, nach Süden gelegene Hügel mit kalkigem Boden. Hier verbringt sie ihr ganzes Leben in einer 15 bis 25 Zentimeter langen unterirdischen Wohnröhre. Das Männchen lässt sich nur im Freien blicken, wenn es auf Brautschau geht. Das abgebildete Weibchen wurde für das Foto vorsichtig aus seiner Röhre geholt (und danach selbstverständlich wieder zurückgesetzt).

Atypus fängt ihre Beute mit einer besonderen Strategie. Ihre Wohnröhre ist mit einem Gespinst austapeziert, das wie ein Strumpf einige Zentimeter aus dem Eingang herausragt. Dieser Fangschlauch ist mit Pflanzenteilen und Erde getarnt – so gut, dass er nur schwer auszumachen ist. Vielleicht gilt die Spinne deshalb als so selten. Das Tier wartet, bis ein Insekt über den Schlauch läuft. Sobald sie eine Vibration registriert, stürzt die Spinne in den Schlauch (wenn sie nicht bereits darin sitzt) und beißt mit ihren gewaltigen Chelicerenklauen hindurch. Die glücklose Beute wird regelrecht aufgespießt, wie das Foto auf der linken Seite zeigt. Die Spinne greift also von unten durch das Netz an, ähnlich einem Hai. Ist die Beute gelähmt, schneidet *Atypus* mit den gezähnten Cheliceren ein Loch in den Schlauch und zieht ihr Opfer herein, um es zu verzehren. Der Fangschlauch wird schnell repariert und für den nächsten Fang vorbereitet.

Ein Weibchen der Rotbeinigen Röhrenspinne schlägt die Krallen der Vorderbeine in die Beute und zieht diese in ihre Wohnröhre. Mit den anderen drei Beinpaaren stemmt sie sich dabei zurück.

Eresus cinnaberinus
(Rotbeinige Röhrenspinne)

Eresidae (Röhrenspinnen)

Die große, samtige, gedrungene Rotbeinige Röhrenspinne ist die seltenste und vielleicht beeindruckendste Art, die man bei uns zu Gesicht bekommen kann. Sie galt als ausgestorben, bis man 1979 zwei Männchen entdeckte. Nördlich der Alpen findet man sie nur in warmen Gebieten wie dem Kaiserstuhl; in England ist sie auf ein «geheimes» nach Süden gelegenes Fleckchen Heideland in Dorset beschränkt, wo auch die gezeigten Exemplare fotografiert wurden. Dort steht sie zudem als einzige Spinnenart auf der Roten Liste und ist entsprechend geschützt.

Die auffallend hübschen Männchen haben – vielleicht als Nachahmung von Marienkäfern – einen roten Hinterleib mit schwarzen Punkten; die dunklen Beine sind weiß geringelt. Leider zeigen sie sich nur wenige Tage im Frühling an der Oberfläche, wenn sie nach einer Partnerin suchen.

Die großen und rein schwarzen Weibchen graben eine rund 7,5 Zentimeter tiefe Wohnröhre, die sie mit Seide auskleiden. Eine Wand überragt dachartig den Ausgang, von dem starke Fäden aus Cribellumwolle bis zum umstehenden Heidekraut verlaufen und so eine Netzdecke bilden. Darunter lauert das Weibchen auf Käfer und andere große Insekten, die sich im Netz verfangen oder darüberlaufen. Meist packt es diese durch das Netz hindurch und zieht sie in ihren Bau herab. Sein Netz verlässt es nur selten; gelegentlich greift es aber in der Nähe vorbeikommende Insekten an.

➤ Ein Männchen auf Brautschau im Heidekraut.

Eine Gerandete Jagdspinne lauert auf einem Teich zwischen Torfmoos auf Beute.

Dolomedes fimbriatus
(Gerandete Jagdspinne)
Pisauridae (Jagd- oder Raubspinnen)

Diese weltweit vertretene Gattung umfasst einige Arten, die mit ihrer Erscheinung, aber auch mit ihrer ungewöhnlichen Lebensweise beeindrucken. In Europa treffen wir auf *Dolomedes fimbriatus*, die Gerandete Jagdspinne. Wie die verwandten *Pisaura*- und *Pisaurina*-Arten (siehe Seite 56) und andere tagaktive Jäger ist *Dolomedes* eine Jagd- oder Raubspinne; wegen ihrer ungewöhnlichen Jagdmethode wird sie jedoch an dieser Stelle abgehandelt.

Man findet sie in sauren Mooren und Heidelandschaften mit permanenten stehenden Gewässern. Mit ihrem schokoladenbraunen, kompakten Körper mit hellen Längsstreifen und ihren kräftigen Beinen wirkt sie recht beeindruckend. Das gezeigte Weibchen hatte eine Körperlänge von 26 Millimetern und war damit wohl eines der größten je dokumentierten Exemplare in England! Die Tiere jagen, indem sie regungslos auf der Wasseroberfläche oder einem natürlichen

Floß, etwa aus Moos oder einem Blatt, am Rande verharren. Die Vorderbeine ruhen dabei auf dem Wasser; so registriert die Spinne auch die kleinste Welle oder Vibration durch ein Insekt, eine Kaulquappe oder einen kleinen Fisch im Wasser. Sie zerrt die Beute sodann aus dem Wasser und verschlingt sie. Man hat auch beobachtet, wie *Dolomedes* mit dem Fuß auf die Wasseroberfläche tippte, um Fische anzulocken, oder größere Strecken über die Wasseroberfläche lief, um ein hineingefallenes Insekt zu fangen. Bei Gefahr steigt die Spinne gelegentlich an einer Wasserpflanze ins Wasser hinab, wo sie bis zu eine Stunde ausharren kann.

Wie ihre landbewohnenden Verwandten baut *Dolomedes* ein großes seidenes Einest um ihren Eikokon, das sie auch bewacht. Die Jungspinnen zerstreuen sich unmittelbar nach dem Schlüpfen; oft verlassen sie das Wasser und erklimmen trockenere Gefilde im umgebenden Buschwerk.

Außer *Dolomedes fimbriatus* kommt in Europa noch *D. plantarius* vor; diese Art ist jedoch sehr viel seltener. *Dolomedes*-Arten sind zwar verbreitet, aber in ihren Vorkommen jeweils lokal begrenzt.

Wasserspinne mit erbeuteter Wasserassel.

Argyroneta aquatica (Wasserspinne)

Argyronetidae (Wasserspinnen)

Als einzige Spinne der Welt, die dauerhaft unter Wasser lebt, ist *Argyroneta aquatica* allseits bekannt. Mit etwas Glück kann man sie auch in unseren Breiten beobachten, wie sie als silbrig glänzender Ball zwischen Wasserpflanzen ihrer Beute nachstellt.

Die Wasserspinne jagt ausschließlich unter Wasser und bezieht dabei ihren Sauerstoff aus einer zwischen den Haaren ihres Hinterleibes hängenden Luftblase. Zum besseren Fortkommen sind die hinteren beiden Beinpaare mit langen, feinen Haaren ausgestattet und dienen als Paddel. Daran lassen sich bereits kleine juvenile Exemplare identifizieren. Wasserspinnen sind groß; die Männchen bringen es auf über zwanzig Millimeter Länge – ungewöhnlich, weil Spinnenmännchen meist kleiner sind als die Weibchen.

Die Spinne baut sich unter Wasser eine Retraite in Form einer gewölbten Gespinstdecke an und füllt diese mit Luft, die sie von der Wasseroberfläche holt – das Ganze ähnelt einer Taucherglocke. Einmal gefüllt, bezieht diese weiteren Sauerstoff aus dem umgebenden Wasser und aus Luftblasen, die aus Grünpflanzen aufsteigen, während das Kohlendioxid ins Wasser übergeht. Die meisten Aktivitäten finden in der Taucherglocke statt, auch Paarung, Eiablage und des Verzehren der Beute. Jungspinnen bauen selbst keine Luftglocke, sondern beziehen leere Schneckenschalen, die sie mit Luft füllen.

Wasserspinnen bevorzugen stehende oder langsam fließende Gewässer und sind in ganz Europa verbreitet; sie kommen zwar lokal nur äußerst begrenzt, doch dann in großer Zahl vor.

◄ Eine Wasserspinne mit «Taucherglocke».

Speispinne auf einem vergoldeten Bilderrahmen.

Scytodes thoracica (Speispinne)

Scytodidae (Speispinnen)

Diese ungewöhnliche Spinne ist in Mitteleuropa nördlich der Alpen praktisch nur in menschlichen Behausungen anzutreffen; sie ist eigentlich im südlichen Europa heimisch und gelangte vielleicht mit Transportgütern weiter in den Norden. In England wurde sie wahrscheinlich zu Beginn des 19. Jahrhunderts mit Antiquitäten eingeschleppt; auch dort breitet sie sich zunehmend nach Norden aus.

Das Besondere an dieser Spinne ist ihre einzigartige Methode, Beute zu fangen und zu immobilisieren. *Scytodes* kommt aus ihrem Tagesversteck hinter Bilderrahmen und Möbeln hervor und wandert, typisch für sie, gemessenen Schrittes über die Wände. Ist sie bis auf zehn Millimeter an ihre Beute heran, sieht man nur einen kurzen Ruck, und schon liegt das Insekt zappelnd da. Bei genauem Hinsehen erkennt man, dass das

Opfer durch 10 bis 20 zickzackförmig verlaufende Klebfäden auf jeder Seite des Körpers gefesselt ist. Mit bloßem Auge ist die schnelle Aktion nicht zu sehen, und die Fäden sind selbst unter dem Mikroskop nur bei entsprechender Beleuchtung zu erkennen.

Der Schlüssel zum Ganzen befindet sich im aufgewölbten Carapax der Spinne: zwei enorme Drüsen, eine voller Gift, die andere voller Leim. Ihre Ausführungsgänge münden in den Spitzen der Chelicerenklauen. Mit einer plötzlichen Muskelkontraktion werden Klebstoff und Gift unter Druck durch die Chelicerenklauen gepresst; diese bewegen sich dabei schnell hin und her und entlassen einen kontrollierten Strahl.

Die Speispinne kann sich nun in aller Ruhe über ihr Opfer hermachen, ohne es in ein Netz einwickeln zu müssen. Nachdem sie einige kleine Bisse angebracht hat, überwältigt sie die Beute und kann sie aus den Klebfäden ziehen. Injizierte Verdauungssäfte verflüssigen das Körperinnere; dieses wird ausgesaugt, und zurück bleibt eine leere Hülle.

Die Speitechnik dient auch zur Verteidigung gegen größere Spinnen, etwa die Zitterspinne. Dank dieser einzigartigen Fähigkeit und weil sie die Fäden größerer und aggressiverer Spinnen unbemerkt umgehen kann, bleibt sie auch in eigentlich gefährlichen Situationen unversehrt.

Bei Nahrungsmangel im Winter bleibt die Speispinne in ihrem Schlupfwinkel. Sie ist recht langlebig, wird erst mit zwei oder drei Jahren geschlechtsreif und erreicht mit etwas Glück ein Alter von vier oder fünf Jahren.

Eine Speispinne immobilisiert ihre Beute auf einer Glasplatte.

Ein Spinnenfresser (rechts) nähert sich einer Baldachinspinne.

Ero spp.

Mimetidae (Spinnenfresser)

Spinnenfresser verfolgen ihre Beute nicht, lauern ihr nicht auf und stellen auch keine Fallen wie andere Spinnen. Sie leben nomadisch. Die Tiere wandern, ähnlich wie die Speispinne, verstohlen umher und suchen die Netze anderer Spinnen, besonders solche der Kugelspinnen. Die Gewächshausspinne *(Achaearanea tepidariorum)* ist ein bevorzugtes Opfer.

Der kleine Spinnenfresser erklimmt nun das Netz der Kugelspinne und lenkt deren Aufmerksamkeit durch Zupfen an den Fäden auf sich. Diese vermutet Beute oder einen potenziellen Partner, kommt herbei, um nachzusehen, und wird exakt im richtigen Moment von *Ero* in den Femur gebissen. Die Wirkung des starken Giftes – darauf ausgelegt, Spinnen schnell zu töten – tritt fast augenblicklich ein, und der Sieger saugt sein relativ großes Opfer durch die relativ kleine Bisswunde aus. Gelegentlich allerdings dreht sich der Spieß um, und der Spinnenfresser wird selbst gefressen.

Die Spinnenfresser sind in Mitteleuropa nur mit insgesamt vier Arten der Gattung *Ero* vertreten. Die Tiere leben in niedriger Vegetation, auf Bäumen und Sträuchern, wo sie nach Netzen gleich großer Spinnen suchen, die sie überfallen können.

➤ Der kleine Spinnenfresser (Gattung *Ero*) kommt erst unter der Lupe zur Geltung.

10

Spinnen fotografieren

Das letzte Kapitel dieses Buches bietet einige Hinweise und Empfehlungen für jene, die Spinnen gerne mit der Kamera dokumentieren möchten. Es setzt einfachste Grundkenntnisse in Fotografie und fotografischer Technik voraus; zahllose gute Bücher und verschiedenste praktische Kurse vermitteln Grundlagen- und Detailwissen über alle Aspekte der Theorie und der Naturfotografie.

Spinnen zu fotografieren, unterscheidet sich nicht sehr vom Fotografieren anderer kleiner, aktiver Tiere, die Ansprüche hinsichtlich Belichtung, Fokus und Bildschärfe sind dieselben. Glücklicherweise gehören viele technische Hindernisse, mit denen Fotografen – besonders bei Nahaufnahmen – früher zu kämpfen hatten, dank moderner Technik heute der Vergangenheit an.

Zunächst einmal sollte man sich fragen, was man erreichen will. Wollen Sie Spinnen dokumentieren, denen Sie auf Reisen begegnet sind, das Verhalten von Spinnen aufzeichnen, künstlerische Werke schaffen oder vielleicht ein bisschen von allem? Wenn man weiß, was man will, findet man leichter den richtigen Ansatz und die richtige Ausrüstung für seine Zwecke.

Analog oder digital fotografieren?

Bevor wir uns den Kameras zuwenden, ein Wort über die Digitalfotografie. Noch vor wenigen Jahren hätte ich ohne Zögern gesagt, dass Film hinsichtlich der Bildqualität das beste Medium für die Naturfotografie ist, besonders bei mittleren Formaten – da konnte die Digitalfotografie bei Weitem nicht mithalten. Heute hat sich das geändert, und die Digitalfotografie hat den Film nicht nur unter finanziellen und praktischen Gesichtspunkten, sondern meines Erachtens auch in der Qualität hinter sich gelassen. Ein paar Kollegen halten nach wie vor am Film fest, und ich verstehe durchaus ihre emotionale Bindung an dieses großartige Medium. Doch um sich weiter mit ihm abzuplagen, bietet der Film einfach zu wenige Vorteile. Ich habe keinen Film mehr entwickelt, seit ich 2002

◄ Wespenspinnenweibchen mit Eikokon.

die erste wirklich hochauflösende 35-Millimeter-Digitalkamera (die Canon EOS 1DS) ausprobierte – die Qualität der Bilder war einfach überwältigend. Mehr als 95 Prozent der Fotos in diesem Buch sind digital fotografiert.

Die Vorteile der Digitalfotografie im Hinblick auf die Naturfotografie seien im Folgenden kurz zusammengefasst.

Detailschärfe

Eine Digitalkamera mit zehn oder mehr Megapixeln kann generell genauso detaillierte oder bessere Bilder liefern als der empfindlichste, feinkörnigste verfügbare 35-Millimeter-Film. Die Zahl der Pixel (Bildpunkte) ist jedoch nicht alles, denn andere Aspekte wie Chipgröße, Bit-Tiefe, Bau des Objektivs, Verschaltung der Kamera und die Software spielen für die Qualität ebenfalls eine große Rolle.

Bildrauschen und Körnung

Wenn es gelingt, das Bildrauschen unter Kontrolle zu halten, sind die digital produzierten Farbtöne und die Übergänge zwischen ihnen meist klarer. Die besten Digitalkameras produzieren weniger Bildrauschen (analog ausgedrückt: eine feinere Körnung) als Film. Das hängt größtenteils von der Anzahl der Bildpunkte und der relativen Größe des Chips ab.

Schnelle Ergebnisse

Ein großer Vorteil der Digitalfotografie ist, dass man das Bild oder den Bildausschnitt sofort nach der Aufnahme oder schon vorher auf dem Anzeigemonitor (Display) betrachten kann. Man muss nun nicht mehr tagelang auf die Entwicklung des Films warten, um ein Bild technisch beurteilen zu können. War die Belichtungszeit richtig? Haben sich Kamera oder Spinne während der Aufnahme bewegt? War der Fokus richtig gesetzt? All das und mehr ist sofort nach der Aufnahme sichtbar. Die Aufnahme lässt sich vor Ort durch Betrachten des Bildes auf dem Monitor prüfen, oder besser noch mithilfe des Histogramms (einer grafischen Darstellung der Hell-Dunkel-Abstufungen). Auch Bildkomposition und Belichtung können auf dem Monitor beurteilt werden. Reicht das nicht aus – kleine Details sind hier oft nicht erkennbar –, kann man das Bild auf einen Computer ziehen und mit der entsprechenden Software alle Einzelheiten genau prüfen.

Dateiformate

Digitalkameras produzieren meist jpeg- oder RAW-Dateien. Ein Buch über Spinnen ist allerdings nicht der Ort, um deren Vor- und Nachteile zu erörtern. Darum sei nur gesagt, dass jpeg-Dateien die beste Wahl sind, wenn man schnell und mit wenig Aufwand arbeiten will. Bei RAW-Dateien sind während der bei ihnen stets nötigen Umwandlung in jpeg- oder tiff-Dateien verschiedenste Nachbearbeitungen hinsichtlich Belichtung, Kontrast und Farbausgleich möglich, und das ohne oder mit minimalen Qualitätseinbußen. Das ist von Vorteil, wenn die Kameraeinstellungen nicht ganz präzise waren oder höchste Qualität gefordert ist.

Retuschieren und Nachbearbeiten

Digitalbilder lassen sich leicht retuschieren und nachbearbeiten, doch Achtung: Es ist sinnlos und vergebene Liebesmüh, Farben, Töne und Kontraste zu bearbeiten, wenn dies nicht an einem hochwertigen und regelmäßig neu kalibrierten Monitor geschieht.

Kosten und Umweltschutz

Ein klarer Vorteil der Digitalfotografie ist die große Ersparnis bei Filmmaterial und Entwicklung. Man kann so oft auf den Auslöser drücken, wie man will, denn es kostet praktisch nichts. Solange man nicht die teuerste verfügbare Digitalkamera ersteht, kann man die Kosten für deren Anschaffung durchaus wieder hereinbekommen, weil man keine Filme kaufen oder entwickeln lassen muss. Und nicht zuletzt gelangen auch keine belastenden Entwicklersubstanzen mehr in die Umwelt.

Kameras

Welche Kamera für die Spinnenfotografie am besten geeignet ist, hängt davon ab, was für Bilder und welche Qualität man anstrebt. Die einfachsten Modelle sind die Kompaktkameras, die allerdings heute erstaunlich gute Resultate mit genügend Megapixeln für ordentliche 10 × 8-inch-Ausdrucke liefern. Die Parallaxe, also der Unterschied zwischen dem im Sucher und auf dem Film abgebildeten Bildausschnitt, stellt bei ihnen kein Problem mehr dar, und die meisten verfügen über Objektive, die für Nahaufnahmen großer Spinnen taugen. Will man allerdings kleine Spinnen wie die Baldachinspinnen fotografieren, sind Kompaktkameras ungeeignet.

Sie haben zudem andere grundlegende Nachteile. So vergeht zwischen dem Drücken des Auslösers und der eigentlichen Aufnahme eine gewisse Zeit – bei manchen Modellen bis zu einer halben Sekunde. Das scheint nicht viel, doch in dieser Zeit kann viel passieren. Bei einer still dasitzenden Spinne an einem ruhigen Tag mag es keine Rolle spielen; eine aktive Spinne oder ein Windstoß aber können das mögliche Meisterwerk zunichte machen.

Am anderen Ende der Qualitätsskala stehen die Mittelformatkameras. Sie haben Film- oder Chipgrößen, die zwei- oder dreimal so groß sind wie die Fläche des 35-Millimeter-Formats (36 × 24 Millimeter), und zwischen 20 und 50 Megapixel. Das größere Format bedeutet, dass eine stärkere Bildvergrößerung möglich ist und sich die Schärfentiefe entsprechend verringert. Die möglichen Bildqualitäten sind erstaunlich, aber wenn Sie nicht Ihr ganzes Leben der Spinnenfotografie widmen wollen, ist dies vielleicht zu viel des Guten, denn die Verbesserungen sind nur bei großformatigen Reproduktionen erkennbar. Zudem kosten solche Kameras eine Menge Geld, zumal wenn sie mit teuren digitalen Rückwänden ausgestattet sind. Außerdem sind diese Monsterkameras mit ihren schweren Objektiven zu unhandlich für den Einsatz in der Natur, vor allem, wenn man Spinnen in Aktion fotografieren will.

Bleiben also noch die leichteren, preiswerteren und flexibleren analogen 35-Millimeter-Spiegelreflexkameras und ihre digitalen Nachfolger (DSLRS), bei denen man das Objekt durch das Objektiv und nicht durch einen Sucher sieht. Sie sind fast immer ideal für die Naturfotografie, besonders für Nahaufnahmen und solche mit dem Teleobjektiv.

Ein paar sehr hochwertige digitale Spiegelreflexkameras benutzen sogenannte Full-Frame-Chips von 36 × 24 Millimetern, die meisten aber arbeiten mit einem kleineren, der etwa zwei Drittel der Bildfläche des 35-Millimeter-Formats hat. Beide Chipgrößen liefern hervorragende Ergebnisse, besonders jene mit höherer Pixelzahl. Full-Frame-Chips verfügen über eine größere Anzahl Pixel, was weniger Bildrauschen (Körnigkeit) zur Folge hat. Kameras mit kleineren Chips haben wiederum den Vorteil, dass die dafür konstruierten Objektive kleiner, leichter und etwa preiswerter sein können. Will man Spinnen in natürlicher Umgebung fotografieren, spricht einiges für kleinere, leichtere Kameramodelle, denn sie lassen sich inmitten der Vegetation besser handhaben. Ein weiterer Vorteil ist die größere Schärfentiefe des kleineren Formats. Einen kleinen ästheti-

Gesicht der Zitterspinne mit «Stielaugen».

schen Preis muss man jedoch dafür zahlen, denn je größer das Format (und somit die Bildvergrößerung), desto unschärfer wird der Hintergrund, lenkt also weniger vom Motiv ab. Das wird allerdings auch durch andere Faktoren wie die Blende beeinflusst. Ich benutze beide Formate und ziehe das größere mit den zusätzlichen Pixeln vor, wenn ich hohe Qualität benötige.

Autofokus

Autofokus ist bei manchen Formen der Naturfotografie ein echter Segen, besonders wenn man Säugetiere und Vögel mit dem Teleobjektiv aufnimmt. Bei Makroaufnahmen aber ist er eher hinderlich, besonders bei starken Vergrößerungen. Bei jeder kleinsten Bewegung des Objektivs springt der Mechanismus vor und zurück und versucht, einen passenden Brennpunkt zu finden. Das kann sehr anstrengend sein, wenn man ohne Stativ im Freien arbeitet, vor allem weil der Autofokusmechanismus beim ersten Fokuspunkt verharrt. Die manuelle Scharfeinstellung ist die bei Weitem beste Lösung, weil man selbst entscheiden kann, welche Bildebene scharf gestellt wird.

Aufnahmeeinstellungen

Die meisten Kameras besitzen heute alle nur denkbaren «Auto»-Funktionen und verschiedenste Programme für alle Situationen. Das ist eine feine Sache für Familienschnappschüsse, für die ernsthafte Spinnenfotografie aber wenig nützlich. Die beiden brauchbarsten Einstellungen für Nahaufnahmen sind die Blendenautomatik (Sie stellen die Blende ein, und die Kamera wählt die Verschlusszeit) und die manuelle Einstellung (Sie stellen Blende und Verschlusszeit selber ein). Ich benutze ausschließlich diese beiden Einstellungen; die Kamera sollte aber auch die Möglichkeit bieten, schnell und einfach die Aufnahmeeinstellungen in beide Richtungen anzupassen, um Objekte zu kompensieren, die die Kamera als «unnormal» einstuft – etwa eine helle Spinne auf schwarzem Hintergrund oder umgekehrt. Die manuelle Einstellung (M) ist da meist die beste Lösung, denn so hat man Verschlusszeit und Blende unter Kontrolle. Man braucht jedoch etwas Erfahrung, um sie voll nutzen zu können.

Objektive

Das Fotografieren von Spinnen erfordert meist Bildvergrößerungen von einem Fünftel bis zum Doppelten der Originalgröße (Wiedergabeverhältnisse von 1:5 bis 2:1). Um bis auf Originalgröße zu vergrößern, benutzt man am besten ein Spezialobjektiv für Nahaufnahmen – ein Makroobjektiv. Dieses hat eine eingebaute Verlängerung, die die übergangslose Fokussierung von unendlich bis 1:1 erlaubt; die meisten modernen Objektive erreichen dies allerdings durch interne Fokussierung.

Bei der Auswahl eines Objektivs ist unbedingt dessen Brennweite zu beachten: je länger die Brennweite, desto größer ist der mögliche Arbeitsabstand zwischen Objektiv und Objekt. Grob gesagt, beträgt der Arbeitsabstand (je nach Konstruktion des Objektivs) bei 1:1 das Doppelte der Brennweite. Ein 50-Millimeter-Objektiv wird also einen Arbeitsabstand von etwa 100 Millimetern zum Objekt bieten, ein 100-Millimeter-Objektiv 200 Millimeter und ein 200-Millimeter-Makroobjektiv 400 Millimeter. Je länger also die Brennweite, desto besser kann man die Spinne aufnehmen, ohne sie aufzuschrecken, und desto leichter lassen sich Stativ und Leuchten (wenn nötig) aufstellen, ohne dass der eigene Körper oder die Kamera das Licht behindern. Ein weiterer Vorteil des längeren Objektivs ist, dass mit zunehmender Brennweite auch die selektive Schärfe (das Verdrängen des Hintergrunds aus dem Fokus) zunimmt; die Bildqualität wird also durch Verschwimmen des unruhigen Hintergrundes verbessert.

In bestimmten Fällen sind Objektive mit kürzerer Brennweite von Vorteil, etwa wenn man starke Vergrößerungen über 1:1 (Lebensgröße) durch Zwischenringe oder Balgengeräte erreicht, um die geforderten Wiedergabeverhältnisse zu erzielen. Ein oder zwei Hersteller bieten Profiobjektive mit stufenloser, enormer Auszugsverlängerung an, die bis zu fünffache Vergrößerungen gestatten – ideal für winzige Spinnchen und anatomische Details. Dabei treten jedoch wieder andere Schwierigkeiten auf, etwa der geringe Arbeitsabstand zwischen Objektiv und Objekt und die geringe Schärfentiefe.

Schärfe und Schärfentiefe

Eine ausreichende Schärfentiefe zu erreichen, ist bei Nahaufnahmen immer eine Herausforderung, und ganz besonders bei Spinnen. Im Gegensatz zu Tag- und Nachtfaltern, bei denen man meist auf die Flügelebene fokussiert, besitzen Spinnen mehr Tiefe; fotografiert man sie nicht direkt von oben, ist die zur Abbildung der ganzen Spinne nötige Schärfentiefe bei starker Vergrößerung unmöglich zu erreichen. Wir erinnern uns: Bei einer Vergrößerung von 1:1 und Blende 16 beträgt die Schärfentiefe nur einen Millimeter – das ist ziemlich wenig Spielraum! Eine größere Blende hilft auch nicht weiter, weil die Gesamtschärfe durch Beugungseffekte leidet. Man könnte eine geringere Vergrößerung wählen und das Bild im Nachhinein vergrößern. Die Problematik ist bei vielen der größeren Reproduktionen in diesem Buch erkennbar: Nur selten einmal sind sowohl Vorder- als auch Hinterbeine scharf.

Nicht nur Bewegungen des Objekts, auch Erschütterungen der Kamera sind zu minimieren. Das wird mit zunehmender Vergrößerung und Brennweite des Objektivs und mit längerer Belichtungszeit immer schwieriger. Stativ oder Beanbag und Fernauslöser sind bei Tageslichtaufnahmen unerlässlich. Qualitativ hochwertige Kameras besitzen eine Spiegelvorauslösung, die Vibrationen durch den umklappenden Spiegel im Inneren verhindert; allerdings ist dies kein so großes Problem mehr wie früher.

Eine Gerandete Jagdspinne verspeist eine Kleinlibelle.

Fotografieren im Grasdschungel

In einer Welt ohne Probleme könnte man makellose Bilder von Spinnen in ihrer natürlichen Umgebung allein mit dem vorhandenen Licht und ohne Stativ machen. Leider ist dies nicht möglich, es sei denn, jemand entwickelt einen ultraempfindlichen, rauschfreien Chip, der Empfindlichkeiten bis ISO 50.000 und somit stets kleine Blenden und kurze Verschlusszeiten erlaubt. Doch das wird wohl noch Jahre dauern. Bis dahin müssen wir uns mit den Beschränkungen des vorhandenen Materials herumplagen, um die kleinen, aktiven und nervösen Wesen abzulichten, die kaum einmal so lange an einer Stelle verharren, dass wir den besten Blickwinkel ermitteln, ein Stativ aufstellen und fokussieren können. Entweder sehen sie unsere Bewegung, oder wir stören sie durch die Erschütterungen, die unser Tun erzeugt. Und der Wind mischt auch noch mit – gestochen scharfe Bilder gelingen nur bei Windstille. Bei der Makrofotografie verändert sich der Abstand zwischen Kamera und Objekt ständig, vielleicht nur um Millimeterbruchteile; dennoch ist das Bild mal scharf, mal unscharf, während wir den richtigen Bildausschnitt wählen, was die Geduld arg strapaziert.

Manchmal sind die Bedingungen ideal, so ist ein windstiller, taufeuchter früher Morgen bestens geeignet, um Spinnweben zu fotografieren. Die Sonne steht dann noch tief und spendet nicht nur sanftes Licht mit langen, weichen, modellierenden Schatten, sondern bringt im Gegenlicht auch Strukturen zur Geltung – ideal für stimmungsvolle Fotos. Die Belichtungszeiten sind zu lang, sodass bei Tageslicht aus der Hand aufgenommene Bilder nicht immer scharf werden; Ohne Stativ kommt man also nicht aus, bei Aufnahmen in Bodennähe genügt vielleicht ein Bohnensack.

Das natürliche Tageslicht ist für die Spinnenfotografie oft nicht ideal und bringt enttäuschende Ergebnisse. Doch nicht nur trübes Licht lässt Bilder leblos erscheinen; viel häufiger noch erzeugt direktes Sonnenlicht weit mehr Kontraste als der digitale Sensor oder Film bewältigen kann. So entstehen Aufnahmen mit überbelichteten hellen und/oder diffusen dunklen Flächen. Es gibt drei Möglichkeiten, dem zu begegnen. Man kann einen großen Diffusor zwischen Sonne und Objekt halten, um das direkte Sonnenlicht abzumildern. Eine andere Möglichkeit ist, Schatten mit Aluminiumfolie, einem Spiegel oder sonstigem reflektierenden Material aufzuhellen. Als dritte Option bleibt ein Blitzlicht, so nahe wie möglich an der Objektivachse platziert. All das setzt voraus, dass die Spinne während all der Aktivität klaglos sitzen bleibt – doch viele Arten reagieren auf Bewegungen und Erschütterungen sehr empfindlich. Man sollte sich Spinnen zunächst sehr langsam nähern und auch die Fotoausrüstung in Zeitlupe aufbauen. Um Spinnen zu fotografieren, braucht man vor allem viel Geduld, doch das gilt in der Naturfotografie fast immer.

Blitzlicht und Beleuchtung

Es gibt viele Gelegenheiten, bei denen man am besten das Blitzlicht als einzige Lichtquelle benutzt; es hält alle Bewegungen von Objekt und Kamera fest und man hat die Beleuchtung voll unter Kontrolle. Doch Blitzlicht ist zwar gut zu handhaben, kann aber leider schlechte Ergebnisse in Gestalt unnatürlicher und «verblitzter» Bilder bringen, bei denen das Objekt flach und kontrastarm wirkt. Das Wort Fotografie bedeutet wörtlich übersetzt «mit Licht malen». Mit diesem Konzept im Hinterkopf kann man seine Bilder viel lebendiger gestalten. Natürliche Lichtquellen sind die Sonne und der Himmel – sieht man dem Bild an, dass Blitzlicht eingesetzt wurde, stimmt etwas nicht.

Spinnen sind dreidimensional, aber wir versuchen, sie mit einem zweidimensionalen Medium wiederzugeben. Darum müssen wir alles tun, um diesen Mangel auszugleichen, und die einzige Möglichkeit ist eine gute Beleuchtung. Viele – auch preisgekrönte – mit Blitzlicht aufgenommene Naturfotos leiden an schlechtem «Blitzmanagement», meist weil der Blitz auf der Kamera saß, zwei Blitzlichter im 45-Grad-Winkel beiderseits des Objektivs montiert waren oder, noch schlimmer, das gefürchtete Ringblitzgerät eingesetzt wurde! Mag sein, dass «totes» Licht in manchen Fällen unvermeidbar ist, aber wann immer möglich, sollten wir es vermeiden.

Um die Sonne nachzuahmen, brauchen wir zunächst eine einzelne modellierende Lichtquelle, die Form und Struktur hervorhebt. Ihre Position hängt davon ab, welchen Effekt wir erzielen wollen, wie die Spinne zur Kamera positioniert ist und welche Farbe sie hat. Das Licht sollte vor allem den zylindrischen Spinnenkörper und die Beine hervorheben, sodass eine Seite heller ist als die andere. Zusätzliches Licht zum Aufhellen der Schatten darf diese plastische Wirkung nicht aufheben oder hässliche und irritierende neue Schatten erzeugen. Ein Lichtverhältnis von 3:1 reicht meist aus, um Details auf der Schattenseite hervorzuheben.

Wie man Schatten aufhellt, hängt von der Situation ab; oft reicht schon ein einfacher Folienreflektor, bei anderer Gelegenheit ist vielleicht ein zweiter Blitz dienlicher. Oft ist weiches Licht dem direkten Licht vorzuziehen, etwa wenn man eine dünne Wolkenschicht vor der Sonne und leichte Schatten simulieren will. So entstehen oft bezaubernde Bilder ohne die harten Kontraste, wie sie durch direktes Sonnenlicht oder Blitzlicht entstehen; weiche, diffuse Schatten entstehen allerdings nicht einfach durch flache Beleuchtung – schließlich wollen wir das Objekt modellieren. Zur wissenschaftlichen Dokumentation mag es zweckdienlich sein, schnell und einfach unter standardisierten Lichtverhältnissen zu arbeiten. Mit einem Kamerablitz oder Ringblitzgerät erzielt man dann schattenlose, flache und ausdruckslose Bilder, die entsprechend unnatürlich und unattraktiv aussehen.

Manchmal lassen sich mit zusätzlichen Blitzlichtern bestimmte Effekte wie Gegenlicht oder Beleuchtung des Hintergrunds erzielen, doch zerstört dies oft die Dreidimensionalität, oder es entstehen widersprüchliche Schatten. In der Natur steht nur eine Sonne am Himmel, die nur in eine Richtung Schatten erzeugt; ist sie verdeckt, entstehen sehr sanfte Schatten durch einen riesigen Reflektor – den Himmel. Die meisten in diesem Buch abgebildeten Spinnen wurden mit einem einzelnen Blitzlicht und Reflektorfolie aufgenommen; nur bei einigen kam ein zweites Blitzlicht statt des Reflektors und/oder ein separates Licht für den Hintergrund zum Einsatz.

Wenn man Spinnen fotografieren will, kann man sich ein spezielles Blitzgerät für Makroaufnahmen anschaffen. Es besteht aus zwei Blitzlichtern mit verstellbaren Haltevorrichtungen. Sie sollen eigentlich rechts und links vom Objek-

Grundlagen der Beleuchtung am Beispiel einer Hauswinkelspinne.

▲ Einzelne, modellierende, seitliche Lichtquelle. Der Effekt ist dramatisch und hebt Form und Struktur hervor. Deutlich erkennbar der runde, behaarte Körper und die raue Holzoberfläche. Der Eindruck passt zudem zur nächtlichen Lebensweise dieser «schaurigen» Spinne. Der Schatten ist jedoch detailarm.

► Die modellierende Lichtquelle befindet sich in derselben Position, doch wurde sie um einen Reflektor auf der gegenüberliegenden Seite ergänzt, um die Schatten abzumildern und somit den Kontrast zu reduzieren. Räumlichkeit und Struktur blieben erhalten, sodass die Spinne weiterhin dreidimensional wirkt, jedoch weniger krass in Szene gesetzt.

◄ Zwei Lichter wurden beiderseits im 45-Grad-Winkel eingesetzt. Die Spinne wirkt so flach und nicht mehr plastisch; zudem fallen Schatten auf beide Seiten des Objekts. Das Bild verliert an Informationswert, wirkt unnatürlich und langweilig.

«Mit Licht malen»: Diese beiden Fotos einer Kürbisspinne mit Netz in einem Perückenstrauch zeigen, wie sehr das Licht ein Foto verändern kann.

▲ Foto mit exakt positionierter modellierender Lichtquelle, Gegenlicht und Reflektor. Das Ergebnis ist dreidimensional und stimmungsvoll.

▲ Dasselbe Motiv, aufgenommen mit einer einzigen Lichtquelle nahe der Objektivachse. Das Ergebnis ist flach und weniger interessant, zeigt aber die Blätter des Strauches in ihrer natürlichen Farbe. Bei der Inszenierung eines Bildes sind also verschiedene Aspekte gegeneinander aufzuwiegen.

tiv montiert werden, was ein «flaches» beidseitiges Blitzlicht produziert. Montiert man aber eines der Blitzlichter mit einem Distanzstück in größerem Abstand zur Kamera, um die Spinne aus dem günstigsten Winkel zu beleuchten, und setzt eine schwächere Lampe hinein, erzielt man deutlich bessere Ergebnisse.

TTL-Blitzmessung

Vor den Zeiten der Blitzbelichtungsmessung war die Blitzlichtfotografie eine Art Glücksspiel. Die Leistung eines Blitzlichtes ließ sich nicht messen; um die richtige Belichtung zu erzielen, musste man sich also auf wechselnde Richtwerte verlassen und viel herumprobieren. Und mit der Nahfotografie brach das System – wenn man denn von einem System sprechen konnte – ganz zusammen, aus zwei Gründen: Richtwerte gelten meist nicht, wenn sich eine Lichtquelle nah am Objekt befindet, und die Objektivverlängerung musste ausgeglichen werden. Die deshalb nötigen Berechnungen dauerten oft so lange, dass sich das Tier längst davongemacht hatte!

Rettung nahte in Gestalt der TTL-Blitzmessung (kurz aus englisch *through the lens*, «durch das Objektiv»), die derlei Quälerei überflüssig machte. Dank genialer Elektronik kommunizieren Kamera und Blitzgerät miteinander: Ist genügend Licht aus dem Blitz in die Kamera gelangt, wird der Blitz ausgeschaltet, und es entsteht ein korrekt belichtetes Bild. Alles sehr ausgeklügelt und «schnell wie der Blitz», sodass jedermann mit einer geeigneten Kombination aus Kamera und Blitz Insekten und Spinnen fotografieren kann, ohne sich allzu sehr um die Technik zu bekümmern. Doch idiotensicher ist die TTL-Blitzmessung nicht; wie die TTL-Belichtungsmessung setzt sie beim Objekt eine mittlere Helligkeit voraus. Zudem versagt sie, wenn der Hintergrund einen größeren Abstand zum Objekt hat. Dies lässt sich außerdem nicht einfach durch Verstellen der Blende kompensieren, denn das Blitzgerät wird dann diese Kompensation wiederum zu kompensieren versuchen! Man muss also entweder die Blitzleistung verändern oder die Steuerung des Blitzlichtausgleichs bei der Kamera. Um zu verstehen, wie diese Funktionen zusammenwirken, sollten Sie die Benutzungsanleitungen der Geräte konsultieren – falls Sie daraus schlau werden.

Spinnen im Fotostudio

Die Spinnenfotografie erfordert vielfältige Arbeitsweisen – mit einer Methode allein kommt man nicht aus. Aus verschiedenen Anlässen ist es nicht immer praktisch, eine Spinne im Freien zu fotografieren. Wind, Regen, die für Makro- und Bewegungsaufnahmen nötige Präzision und manchmal auch schlichte Bequemlichkeit sind Gründe, die Spinne mitzunehmen und im Studio abzulichten. Wenn man sich geschickt anstellt, dürften Studio- und Freilandaufnahmen nicht zu unterscheiden sein; überzeugende Ergebnisse erfordern hier allerdings mehr Können als «Schnappschüsse» in der Natur. Ich möchte sogar behaupten, dass in natürlicher Umgebung aufgenommene Blitzlichtfotos manchmal künstlicher aussehen als gelungene Studiobilder. Beim fertigen Bild sollte weder ein Arachnologe noch ein erfahrener Naturfotograf erkennen können, dass es eine Studioaufnahme ist.

Erfolgreiche Arbeit im Studio setzt zweierlei voraus: zunächst einmal Kenntnisse über das Objekt, den typischen Lebensraum der Spinne, ihr Verhalten, Familienmerkmale und vermutliche Reaktionen im Studio. Der Aufbau im Studio sollte der natürlichen Umgebung der Spinne gleichen, am besten mit Vegetation vom Fundort. Glücklicherweise sind die meisten Spinnen klein, sodass man nur wenig Material mitnehmen muss. Die zweite Voraussetzung ist wieder einmal die Beleuchtung, die in der Qualität nicht hinter dem Licht von Sonne, Himmel und Wolken zurückstehen darf. Ein schwarzer Hintergrund lässt sich oft durch entsprechende Fotohintergründe vermeiden, die man, wenn nötig, mit einem gesonderten Blitzgerät ausleuchtet; diese Technik benutze ich übrigens gelegentlich auch im Freien. Etwa die Hälfte der Fotos in diesem Buch sind im Studio entstanden.

Umgang mit Spinnen

Spinnen haben, mehr noch als Insekten, die unglaubliche Fähigkeit, einfach zu verschwinden – sie kriechen oft in winzige Spalten oder schlüpfen unter ein Blatt. Spring- und Jagdspinnen sollte man stets im Auge behalten; sind sie noch unruhig, können sie in Sekundenbruchteilen verschwinden. Der Umgang mit kleinen Spinnenarten ist nicht nur anstrengend für die Augen, die Tierchen spinnen auch ständig Seidenfäden, an denen sie in die Freiheit zu entfliehen versuchen. Selbst ein vermeintlich zugfreier Raum hat noch genug Luftbewegung, um sie außer Sicht zu tragen. Bei der Arbeit mit kleinen oder unberechenbaren größeren Spinnen breite ich oft ein weißes Laken unter dem Arbeitsbereich aus, um «verschwundene» Spinnen leichter entdecken zu können. Unerlässlich ist auch ein Kamelhaarpinsel, mit dem man starrsinnige Exemplare an die richtige Stelle manövrieren kann, ohne dass sie Schaden nehmen.

Der Autor entlässt eine Dreiecksspinne *(Hyptiotes)* wieder in die Freiheit.

Die Kunst der Spinnenfotografie

Ohne die Ästhetik der Naturfotografie erörtern zu wollen, möchte ich doch sagen, dass meiner Meinung nach mehr Raum rund um das eigentliche Objekt eines Fotos die Qualität des Bildes verbessert. Wenn man ablenkende Elemente ausspart, verhilft Raum den meisten Naturfotos zu besserer Qualität. Sicher gibt es auch solche, die anderer Meinung sind. «Willst du Effekte erzielen, geh nah heran!» Gewiss, will man ein bestimmtes Detail hervorheben oder sitzt die Spinne vor einem irrelevanten oder verwirrenden Hintergrund, ist es gut, nahe heranzugehen; generell aber sehen Tiere natürlicher aus, wenn man ihnen etwas Raum gibt. Wilde Tiere und somit auch Spinnen lassen sich eben nicht isoliert von ihrer Umgebung betrachten, besonders weil diese oft Aufschluss über die Art und ihre Gewohnheiten gibt.

Zuletzt sei noch angemerkt, dass ich jede Spinne, die ich aus der Natur entnehme, möglichst auch wieder freilasse. Ich fühle mich dann besser und die Spinne wahrscheinlich auch; zudem ist es ein schöner Gedanke, dass meine Modelle überleben und sich fortpflanzen oder einem anderen Tier als Nahrung dienen und so in den Kreislauf des Lebens zurückkehren.

Nachwort

Wie seltsam: Seit ich im Alter von vier Jahren von einer Spinne gebissen wurde, litt ich unter Arachnophobie – und doch habe ich schließlich ein Buch über diese Tiere geschrieben. Nachdem ich mich über zwei Jahre intensiv mit der Materie auseinandergesetzt hatte, traten meine ursprünglichen Instinkte glücklicherweise hinter der großen Leidenschaft für Naturkunde, meinem lange währenden Interesse an Fotografie und besonders der tiefen Achtung vor allem auch noch so unbedeutend oder bedrohlich wirkenden Leben zurück. Das heißt zwar nicht, dass ich großen, schnellen Spinnen nicht mehr mit einem gewissen Misstrauen begegne, doch nach dem ersten Schreck siegt doch die Vernunft.

Bevor ich mit diesem Projekt begann, wusste ich nur wenig über Spinnen; dass ich nur die wenigsten von ihnen bestimmen konnte, war sehr frustrierend. Der Mangel an geeigneter Literatur erschwerte die ganze Sache noch. Im Gegensatz zu Büchern über Vögel sind Bücher über Spinnen nicht gerade Bestseller.

Alles veränderte sich, als meine Ehefrau, die mich von meiner Spinnenangst befreien wollte, mich bei einem sommerlichen Intensivkurs über Spinnen beim Field Studies Council anmeldete. Diese Organisation veranstaltet in ganz England Kurse zu verschiedenen Natur- und Umweltschutzthemen.

Der Kurs war eine Offenbarung. Geleitet wurde er von Tony Russell Smith, einem weltweit anerkannten Spinnenexperten mit Tweedjacket und ansteckender Liebe zur Sache. Um mich herum saßen ebenfalls Spinnenenthusiasten, die sich größtenteils viel besser mit der Materie auskannten als ich. Neben den Unterrichtsstunden verbrachten wir unsere Zeit in der spinnenreichen örtlichen Umgebung bei der Suche nach Exemplaren, die wir dann unter dem Mikroskop zu bestimmen versuchten. Als ich einmal ein frisch präpariertes Exemplar unter dem Binokularmikroskop betrachtete – die Spinnen erscheinen dabei ungefähr tellergroß –, zuckte das vermeintlich tote Tier plötzlich heftig. Ich fuhr zurück und stieß einen Schrei aus. Alle sahen mich an, und mein Geheimnis war nun heraus.

◄ Der Autor fotografiert die Rotbeinige Röhrenspinne in ihrem Lebensraum.

Theridiosoma gemmosum

Eikokon von *T. gemmosum*.

Bei einem unserer Sammelausflüge fand ein Kursteilnehmer eine Dreiecksspinne (*Hyptiotes paradoxus*), eine seltene und rätselhafte Spinne, über die ich nur in W. S. Bristowes unvergleichlichem Werk «The World of Spiders» gelesen hatte. Leider sollte das gefundene Exemplar in Spiritus eingelegt und dann mikroskopisch untersucht werden; ich konnte meinen Kollegen jedoch überreden, seinen Fund herzugeben, damit ich ihn zu Hause fotografieren konnte. Nie hatte ich ein Bild dieser bemerkenswerten kleinen Spinne in ihrem Netz gesehen, geschweige denn Aufnahmen von ihrer evolutionär einzigartigen Methode des Beutefangs. Letztlich brauchte es fast drei Wochen, bis das Tier sein Netz an fotografierbarer Stelle in seinem bevorzugten Habitat – den Zweigen einer Eibe – gebaut hatte und ich den Beutefang in einer Bildsequenz dokumentieren konnte (siehe Seiten 135–137).

Dieser frühe Erfolg ermutigte mich, Aufnahmen von anderen Spinnen zu versuchen, die ungewöhnliche Jagdtechniken entwickelt hatten. Zudem dämmerte es mir, dass sich daraus vielleicht ein ungewöhnliches Buch machen ließe, auch wenn die Idee einen großen Haken hatte. Da meine Kenntnisse über Spinnen damals noch sehr begrenzt waren, schien mir auch wenig Erfolg beim Auffinden von Spinnen, besonders verborgen lebender und seltener Arten, beschieden. So kontaktierte ich Evan Jones, einen Naturwissenschaftler, den ich früher einmal kennengelernt hatte und der sich, wie ich wusste, mit Spinnen recht gut auskannte. Er war von meinem Plan sofort angetan und versprach seine Mithilfe. Das war der Beginn einer wunderbaren Freundschaft und einer schönen, zwei Jahre währenden Zusammenarbeit, aus der dieses Buch hervorging.

Im Frühling und Sommer des Folgejahres begaben wir uns regelmäßig auf Spinnenexkursionen, oft in der näheren Umgebung, häufiger aber auch in entfernteren Landesteilen, um seltene und ungewöhnliche Spinnen aufzuspüren. Evans war dabei in seinem Element – wenn er nicht gerade die Vegetation durchkämmte oder die Krautschicht mit Netzen und Sammelbehältern abklopfte, kroch er auf allen vieren zwischen dem Heidekraut herum, um eine seltene Art zu entdecken; ich hatte Mühe, ihm zu folgen. Immer wieder staunte ich über seine unglaubliche Fähigkeit, auch noch die winzigste Spinne zu finden und zu bestimmen, und dank seiner Begeisterung und Begabung, das Wissen zu vermitteln, lernte ich sehr viel über diese attraktiven Tiere.

Wie groß seine Begeisterung und Energie waren, zeigte sich einmal, als ich den winzigen Eikokon einer seltenen und ungewöhnlichen Spinne entdeckte, von der ich nur gelesen hatte: *Theridiosoma gemmosum*, einer Zwergradnetzspinne. Dass ich das nur stecknadelkopfgroße Ding überhaupt entdeckt hatte, war schon ein Wunder. Der Eikokon ist leichter zu finden als die Spinne selbst, die fast am Boden in der dichtesten, feuchten Krautschicht lebt. Die Spinne ist kaum größer als ihr Eikokon und insofern ungewöhnlich, als sie Beute in ihrem zarten, halb offenen, regenschirmartigen Netz auf ähnliche Weise fängt wie *Hyptiotes*.

Wieder zu Hause, rief ich Evans an, um ihm von meinem glücklichen Fund zu berichten. Er ließ sogleich alles stehen und liegen und stand eine Stunde später vor meiner Haustür – nach 65 Kilometern Autofahrt! Sofort führte ich ihn an die Stelle nahe meinem Waldteich und zeigte ihm den Eikokon. Fünf Minuten später hatte er die Spinne entdeckt, einen für mich fast unsichtbaren silbernen Punkt. Auf der linken Seite sind die Aufnahmen von Spinne und Eikokon zu sehen.

Die Arbeit an diesem Projekt brachte viel Schönes mit sich, nicht zuletzt die Erinnerungen an Suchexpeditionen in wunderschöner Landschaft und manchmal auch an seltsamen Orten. Oft bekam ich seltene Spinnen zu sehen, die ich bis dahin nur aus Büchern kannte.

An einem sengend heißen Frühsommertag fuhren wir zu einem Militärübungsplatz an einem entlegenen Ort in Südengland, wo die seltene Rotbeinige Röhrenspinne (*Eresus cinnaberinus*) auf einem geheimen Fleckchen ihren idealen Lebensraum gefunden hat. Diese seltenste und spektakulärste Spinnenart Europas galt bis 1979 in Großbritannien als ausgestorben. Nachdem wir einen Passierschein erhalten hatten, gesellte sich Ian Hughes zu uns, der im Auftrag der Organisation Natural England über dieses Juwel von Spinne wacht und ihre Fortpflanzung und Ausbreitung fördert. Im Jahre 1994 gab es an dieser Stelle nur 56 Netze, doch dank Ians Zuchtprogramm steigt die Zahl stetig an. Dieser offenbar einzigartige Lebensraum war nur durch einen niedrigen, schäbigen Elektrozaun vor den gelegentlich vorbeidonnernden 50-Tonnen-Panzern geschützt – ein unwirklicher Ort, und doch empfand ich es als Privileg, dort sein zu dürfen. Mein silberner Schirm diente ebenso als Reflektor wie als Schutz vor der sengenden Sonne. Die Fotos von der Spinne und ihrem Lebensraum finden Sie auf den Seiten 176–177.

Eine andere Spinnenexkursion führte uns einige Monate später zu den Houses of Parliament in London, wo wir unerwünschte Aufmerksamkeit erregten. Ich versuchte dort *Segestria florentina* zu fotografieren, eine große und furchterregende Spinne, die in Löchern und Spalten an Gebäuden in der Nähe bestimmter Häfen lebt (siehe Seite 168 f.). Wir zwei verdächtigen Gestalten mit Stativ, Kameras, langen Objektiven und Blitzlichtern erregten die Aufmerksamkeit der Wachleute, die vielleicht vermuteten, dass wir Dynamitstangen in die Mauern steckten. Erst nach langen und enthusiastisch vorgebrachten Erklärungen über das Leben dieser Spinne durften wir weitermachen. Als wir eine dieser grimmigen Kreaturen durch Zupfen an einem Signalfaden aus ihrem Versteck lockten, suchten die bulligen Sicherheitsleute schleunigst das Weite.

Nach zwei Jahren, in denen ich mit Spinnen lebte, atmete und arbeitete, war es ein trauriger Tag, als die Arbeit an diesem Buch beendet war. Diese erstaunlichen Tiere werden mich jedoch immer faszinieren.

Dank

Dieses Buch wäre ohne die praktische Hilfe und Begeisterung von Evan Jones nicht zustande gekommen. Er hat nicht nur viele der hier vorgestellten Spinnen aufgespürt, sondern mir auch viel über das Leben dieser faszinierenden Kreaturen beigebracht. Mein Dank gilt auch Ian Hughes, der mir erlaubte, die Rotbeinige Röhrenspinne – die seltenste Spinne Großbritanniens – zu sehen und zu fotografieren. Er hat die schwierige Aufgabe, die Vorkommen dieser Spinne in ihrem heimlichen Lebensraum zu schützen und zu vergrößern.

Sehr dankbar bin ich auch dem Spinnenexperten Chris Spilling, Präsident der British Arachnological Society, der freundlicherweise das Manuskript vor seiner Abgabe überprüft hat.

Mein besonderer Dank gilt meiner Ehefrau Liz, die mit überall im Hause verteilten Schachteln mit darin sitzenden Spinnen zurechtkommen musste und uns dennoch köstliche Picknicks für unsere zahlreichen Exkursionen bereitete. Außerdem hat sie mich schon oft gerettet, wenn im Badezimmer eine große Hausspinne saß!

Schließlich danke ich auch Lionel Koffler von Firefly Books, dem Verlag der englischen Originalausgabe, der den Mut hatte, ein Buch über Spinnen herauszubringen, und seinen Mitarbeitern für die harte Arbeit, die in der Produktion dieses schönen Buches steckt.

Weiterführende Literatur und Links

Baehr, B./Baehr, M. (2002): *Welche Spinne ist das?* 2. Auflage, Kosmos, Stuttgart

Barth, F. G. (2001): *Sinne und Verhalten. Aus dem Leben einer Spinne*. Springer, Berlin

Bellmann, H. (2002): *Spinnen*. 2. Auflage, Kosmos, Stuttgart

Bellmann, H. (2006): *Kosmos-Atlas Spinnentiere Europas*. 3. Auflage, Kosmos, Stuttgart

Blick, T., & al. (2004): *Checkliste der Spinnen Mitteleuropas. Checklist of the spiders of Central Europe. (Arachnida: Araneae)*. Version 1. Dezember 2004. www.arages.de/checklist.html#2004_Araneae

Bristowe, W. S. (1958): *The World of Spiders*. Collins, London

Foelix, R. F. (1996): *Biology of spiders*. 2. Auflage, Oxford University Press, New York

Forster, R./Forster, L. (1999): *Spiders of New Zealand and Their Wordlwide Kin*. University of Otago Press, Dunedin

Füller, H. & al. (2000): *Urania Tierreich. Wirbellose Tiere 2*. Urania Verlag, Berlin

Heimer, S. (1997): *Spinnen. Faszinierende Wesen auf acht Beinen*. Landbuch-Verlag, Hannover

Hillyard, P. (2008): *Faszination Spinnen*. Kosmos, Stuttgart

Gertsch, W. J. (1979): *American Spiders*. 2. Auflage, Van Nostrand Reinhold, New York

Jocqué, R. /Dippenaar-Schoeman, A. S. (2006): *Spider Families of the World*. Koninklijk Museum voor Midden-Afrika, Tervuren

Jones, D. (1989): *A Guide to Spiders of Britain and Northern Europe*. Hamlyn, London

Levi, H./Levi, L. (1986): *A Guide to Spiders and Their Kin*. Golden Press, New York

Nentwig, W. & al. (Hrsg.) (2003): *Spinnen Mitteleuropas/Central European Spiders. An internet identification key*. www.araneae.unibe.ch, Version vom 8.12.2003

Platnick, N. I. (2008): *The world spider catalog, version 9.0*. American Museum of Natural History. http://research.amnh.org/entomology/spiders/catalog/index.html

Renner, F. (2008): *Spinnen: ungeheuer-sympathisch*. 5. Auflage, Nitzsche, Kaiserslautern

Roberts, M. J. (1995): *Spiders of Britain and Northern Europe*. Collins, London (Reprint 2007)

Sauer, F./Wunderlich, J. (1997): *Die schönsten Spinnen Europas nach Farbfotos erkannt*. 5. Auflage, Fauna Verlag, Karlsfeld

Taylor, B. (2000): *Spinnen*. Kosmos, Stuttgart
Ubick, D. & al. (Hrsg.) (2005): *Spiders of North America: An Identification Manual*. American Arachnological Society, New York
van Helsdingen, P. (2007): *Fauna Europaea: Araneae*. Fauna Europaea version 1.3. www.faunaeur.org

Nützliche Internetadressen

www. americanarachnology.org	(American Arachnological Society)
www.arachnology.be/Arachnology.html	(internationale Arachnologie-Seite)
www.arages.de	(Arachnologische Gesellschaft e. V.; viele Informationen und zahllose «Arachno-Links»)
www.araneae.unibe.ch	(zur wissenschaftlichen Bestimmung von Spinnen)
www.britishspiders.org.uk	(British Arachnological Society)
www.eurospiders.com	(Bestimmung europäischer Spinnen)
www.spiderling.de/arages/index2.htm	(Nachweiskarten)

Register

Gesamtregister

Spinnenfamilien